Elektrotechnik und Witterung

Von

Dr. Ulrich Retzow
Berlin-Lankwitz

Mit 13 Abbildungen im Text

Berlin
Verlag von Julius Springer
1936

ISBN-13: 978-3-642-90297-0 e-ISBN-13: 978-3-642-92154-4
DOI: 10.1007/978-3-642-92154-4

Vorwort.

Mannigfach werden die Erzeugnisse der Technik von den Erscheinungen der uns umgebenden Atmosphäre berührt. Auf der einen Seite fördernd, befruchtend — auf der andern aber hemmend, zerstörend.

Wer denkt hierbei nicht an die gewaltigen Talsperren, durch welche die Wasserführung mancher Flußläufe entscheidend geregelt und nutzbringend verwertet werden? Umfangreiche Kleinarbeit schlummert im Hintergrunde dieser Bauten, von der in diesem Zusammenhange nur die Ermittlung der in Frage kommenden Niederschlagsmenge des ganzen Einfallgebiets erwähnt zu werden braucht. Oder andererseits das Zusammenbrechen von Sendetürmen des Rundfunks, die trotz ihrer elastisch nachgebenden Bauart dem Druck und den Drehkräften des Sturmes nicht standhalten konnten, wie es im November 1930 zu Stadelheim in Bayern und unlängst im Oktober 1935 beim Langenberger Sender geschah.

Diese beiden Beispiele belegen deutlich und hinreichend das Für und Wider im Walten der Naturkräfte; der aufmerksame Beschauer wird mit Leichtigkeit die Berührungspunkte zwischen Technik und Witterung beliebig erweitern können. Will man aber aus dem Schrifttum unserer Tage diese Zusammenhänge belegen, so findet man die Unterlagen in den einschlägigen Fachzeitschriften recht verstreut. Eine zusammenfassende Behandlung dieser Fragestellung besteht trotz ihrer Bedeutung gegenwärtig noch nicht und soll durch die vorliegende Bearbeitung eingeleitet werden. Wenn nun in dieser Sammlung bei der Auswahl der Beispiele das Arbeitsgebiet der Elektrotechnik etwas mehr in den Vordergrund gerückt ist, so geschah dies in der Absicht, den Betrachtungen einen inneren Zusammenhang zu geben.

So wird der schaffende Ingenieur in den nachfolgenden Ausführungen manche Erfahrung des eigenen Berufslebens bestätigt finden und mit neuen Anregungen verknüpfen können, während der heranwachsenden Generation durch die Darstellung gewonnener Erkenntnis die spätere Arbeit erleichtert werden soll.

Berlin-Lankwitz, August 1936.

U. Retzow.

Inhaltsverzeichnis.

Einleitung.

Solange Menschenhände auf Erden schaffend wirken und Menschengeist Werke zu Nutz und Frommen des eigenen Geschlechtes schafft, hat der Kampf um die Natur keinen Abschluß gefunden; galt es zunächst dem bedürfnislosen Individuum, nur die notwendigen Hilfsmittel für die eigene Lebensgestaltung auszubilden und in fortschreitender Entwicklung die von der Natur gegebenen Schätze des Erdbodens für seine Zwecke nutzbar zu machen, so gab wachende Erkenntnis auch bald die Möglichkeit, die Naturkräfte selbst in seinen Bann zu zwingen. Von der Wasser- und Windkraft wissen wir beispielsweise, daß man sie schon jahrhundertelang zur Arbeitsleistung verwendet hat, wenn auch mit einem zunächst noch recht ungünstigen Wirkungsgrade. In dieser Beziehung haben erst die neueren Fortschritte der Technik einen gewaltigen Umschwung hervorgerufen durch die Überführung der Naturkräfte in elektrische Energie, deren großartige Anwendung und Ausgestaltung wir in unseren Tagen miterleben dürfen.

Bei allen diesen Fortschritten ist aber stets das Leben der Menschheit von den Naturgewalten auf das Nachdrücklichste beeinflußt worden, mögen es nun auf weite Zeiträume sich erstrekkende Klimaschwankungen gewesen sein oder vorübergehende elementare Auswirkungen durch Erdbeben oder Wasserfluten. Dieses Gefühl der Abhängigkeit des eigenen Lebens von äußeren, unabänderlichen Naturkräften hat den nachdenkenden Menschen schon frühzeitig zu derartigen Beobachtungen angeregt, und so finden wir in der Tat schon in den ältesten uns erhaltenen Aufzeichnungen solche Angaben über die einfachsten Witterungsvorgänge, allerdings meist im Anschluß an die Auswirkungen dieser Erscheinungen auf das organische Leben. Wenn nun auch diese gelegentlichen, durch besondere Ursachen veranlaßten Mitteilungen durchaus witterungskundlicher Natur sind, können uns solche Beobachtungen gegenwärtig aber nichts weiter mehr bieten als die reine Feststellung der Tatsache. Eine systematische Verfolgung der Witterung aber konnte erst einsetzen, nachdem Mittel und Wege gefunden waren, die einzelnen meteorologischen Elemente messend zu verfolgen; dazu gehörte aber nicht nur die Schaffung entsprechender Meßgeräte, sondern vor allem auch die Ausarbeitung und Durchbildung genauer Meßverfahren und einheitlicher Richtlinien zur Erzielung untereinander vergleichbarer Werte.

Diese Vorarbeiten wurden von der Meteorologie erledigt, so daß wir für die wichtigsten meteorologischen Elemente über recht genaue Beobachtungsmethoden verfügen. Es hieße aber den Umfang dieses auf ein ganz bestimmtes Anwendungsgebiet zugeschnittenen Buches durch eine ausführliche Darstellung der Arbeitsverfahren ungerechtfertigt zu erweitern auf Kosten der eigentlichen Fragestellung; daher muß die Kenntnis und Bearbeitung der jeweils vorliegenden Beobachtungen in diesem Zusammenhange als bekannt vorausgesetzt werden. Wer sich jedoch näher darüber unterrichten will, findet die erforderlichen Unterlagen in der ebenso vorzüglichen, wie eingehenden Darstellung aus der Feder des Altmeisters der Meteorologie J. v. HANN[1].

Von den meteorologischen Elementen, die für die vorliegenden Betrachtungen eine besondere Rolle spielen, steht an erster Stelle die Temperatur und die Wärmeverteilung auf der Erdoberfläche, bedingt durch die jeweilige Stellung unseres Erdkörpers auf seiner Bahn um die Sonne. Von ungefähr gleicher Bedeutung ist der Luftdruck; zunächst als rein statische Folgeerscheinung der Anziehungskraft der Erde führt infolge der ungleichen und wechselnden Verteilung der Wärme auf der Erdoberfläche die Dichte der Luft, und damit der Luftdruck, zu umfangreichen Bewegungserscheinungen in der Atmosphäre, die von nachhaltiger Wirkung auf die Witterungserscheinungen sind. Eine mehr sekundäre Rolle spielt dabei, da die Größe in der Hauptsache durch die beiden vorhergenannten Faktoren bestimmt ist, der Feuchtigkeitsgehalt der Luft, die damit zusammenhängende Bewölkung und der Niederschlag, wenn auch diese Erscheinungen gerade für das organische Leben von ganz besonderer Bedeutung sind.

Während wir über die vorstehend aufgeführten meteorologischen Elemente recht gut unterrichtet sind und auch in mancher Hinsicht für das Zusammenwirken der einzelnen Faktoren über brauchbare

Unterlagen verfügen, haben die bisherigen Beobachtungen über die luftelektrischen Vorgänge und die Ionisationserscheinungen in der Atmosphäre noch nicht zu einer einheitlichen Klärung der obwaltenden Verhältnisse geführt. Da aber ein großer Teil der nachstehend behandelten Fragen dem Arbeitsgebiete der Elektrotechnik entnommen ist, scheint es angebracht, eine kurze Zusammenfassung der gegenwärtigen Anschauungen über die luftelektrischen Erscheinungen der Atmosphäre voranzuschicken, da manche später zu erwähnenden Tatsachen hierin ihre Erklärung finden.

I. Die luftelektrischen Erscheinungen der Erdatmosphäre.

1. Das Spannungsgefälle und die elektrische Leitfähigkeit der Atmosphäre.

Mit der Behandlung der luftelektrischen Erscheinungen unserer irdischen Atmosphäre begeben wir uns auf ein Gebiet, dessen Bearbeitung und Erforschung sich gegenwärtig noch in vollem Fluß befindet und das zur Zeit daher eine ganze Anzahl von Fragen offen und unbeantwortet läßt. Diese Tatsache werden wir uns deshalb bei den Ausführungen dieses Kapitels stets vor Augen halten müssen und dabei bedenken, daß gerade erst die letzten Jahrzehnte durch systematische Forschungen uns einige Aufklärung über diese Vorgänge gebracht haben. Deshalb kann natürlich der Deutung dieser Erscheinungen eine durch langjährige Beobachtungsreihen gefestigte Erkenntnis nicht unterlegt werden, so daß mit der Vervollständigung unseres Beobachtungsmaterials sicherlich manche Ergänzung dieser Darlegungen erwartet werden kann.

Ganz allgemein sieht man zunächst das kosmische Gebilde der Erde als einen Körper an, der eine gewisse elektrische Ladung trägt; dabei kann hierbei die Frage, ob diese Ladung durch einen Überschuß in der einen oder anderen Richtung nach außen hin zur Wirkung kommt oder nicht, ganz außer Betracht gelassen werden. Tatsache aber ist, daß nach den vorliegenden Untersuchungen die Oberfläche unseres Erdkörpers gegenüber der umgebenden Atmosphäre eine Ladung der Art besitzt, die wir als negative Elektrizität auffassen. Demgegenüber steht die positive atmosphärische Raumladung, so daß man die der Forschung zugänglichen Schichten unserer Atmosphäre als ein elektrisches Feld ansehen muß, dessen Wirkung gegen die Erdoberfläche hin gerichtet ist.

Diese allgemeinen Betrachtungen beziehen sich aber nur auf einen störungsfreien Zustand der Atmosphäre.

Es ist bereits seit langem bekannt, daß jeder Punkt der Atmosphäre gegen die Erdoberfläche eine gewisse Spannungsdifferenz aufweist, deren Größe mit der Erhebung über dem Erdboden ansteigt. Zu vergleichbaren Angaben bezieht man diese Spannungsdifferenz auf die Längeneinheit der vertikalen Erhebung (Höhendifferenz) und kommt damit auf den Begriff des elektrischen Spannungsgefälles. Dieses liegt unter normalen Verhältnissen meist zwischen 100÷300 Volt/m, ist aber beträchtlichen zeitlichen und örtlichen Schwankungen unterworfen, so daß wir weiter unten darauf ausführlich eingehen müssen.

Die Flächen gleicher Spannungsdifferenz gegen die Erdoberfläche heißt man die Niveauflächen des luftelektrischen Feldes. Ihre Lage zur Erdoberfläche wird durch dieselben Gesetze bedingt, die aus der Elektrizitätslehre für die Feldverteilung um einen beliebig geformten Körper gelten. Je kleiner der Krümmungsradius der Oberfläche an einer bestimmten Stelle, desto stärker ist auch dort die Zusammendrängung der Flächen gleicher Spannungsdifferenz, also das Gefälle. Deshalb wird auch in der Natur der Verlauf der Niveauflächen in den bodennahen Schichten in der Hauptsache durch die morphologische Gestaltung der Erdoberfläche bestimmt; daher findet man beispielsweise auf Bergen ein Spannungsgefälle, das den normalen Wert übertrifft, in engen Tälern dagegen einen Betrag, der unter dem Mittelwerte liegt. Dieselbe Wirkung üben auch Bäume und Bauten aus; so kann man z. B. auf der Spitze eines Turmes stets ein sehr viel größeres Spannungsgefälle feststellen als an seinem Fuße.

Und doch stellt dieser Befund nicht die normalen Verhältnisse der Atmosphäre dar; denn diese wird man erst dann richtig beurteilen können, wenn man sich von den direkten Einflüssen der Erdoberfläche loslöst, d. h. also wenn man sich auf die Beobachtungen in der freien Atmosphäre stützt. Hierbei haben die Beobachtungen bei Ballonfahrten nun in der Tat ergeben, daß die Verhältnisse in Wirklichkeit ganz bedeutend anders liegen, als die Beobachtungswerte auf Berggipfeln ergeben. Es findet nicht etwa eine Zunahme des Spannungsgefälles mit der Höhe statt, sondern gerade das Gegenteil. Die umstehende Zahlentafel, die aus den Ergebnissen verschiedener Freiballonfahrten zusammengestellt worden ist, gibt hierfür ein Beispiel, bei dem die Größe des Spannungsgefälles an der Erdoberfläche gleich 1 gesetzt ist. Diese Werte weisen deutlich darauf hin, daß an störungsfreien Tagen (das sind z. B. Tage ohne Wolkenbildung) die Abnahme des Spannungsgefälles mit

Zahlentafel 1. Abnahme des luftelektrischen Spannungsgefälles in der freien Atmosphäre.

Höhe	Erdboden	1500 m	4000 m	6000 m	9000 m	Bergstation 1780 m
Verhältniszahl des Spannungsgefälles	1	0,27	0,10	0,07	0,03	20

der Höhe zunächst recht stark erfolgt, in größeren Höhen aber immer schwächer wird, wenn auch die bisher vorliegenden Beobachtungen stets noch ein bestimmtes Spannungsgefälle bis ziemlich an die obere Grenze der Troposphäre erkennen lassen. Zum Vergleich ist diesen Zahlenwerten noch das Beobachtungsergebnis von einer Bergstation gegenübergestellt worden, das durch sein völlig entgegengesetztes Verhalten die obigen Darlegungen bestätigt.

Während nun in den größeren Höhen diese Abnahme des Spannungsgefälles durch die vorliegenden Beobachtungen als gesichert angenommen werden kann, sind die erdnahen Schichten der Atmosphäre so zahlreichen Störungen unterworfen, daß die genannte Abnahme durchaus nicht bei jedem Aufstieg zu erkennen ist. Vielmehr sind gerade, wie F. Linke[2] gezeigt hat, die bodennahen Schichten der Atmosphäre (bis ungefähr 1500 m Höhe) infolge der vom Erdboden aufgewirbelten Dunst- und Staubschichten so starken Änderungen unterworfen, daß dadurch die normalen Verhältnisse nicht klar zum Ausdruck kommen.

Über die periodischen Änderungen des Spannungsgefälles, die an sich aus den vorliegenden Beobachtungsreihen wohl zu erkennen sind, liegt völlig abgeschlossenes Material noch nicht vor, das eine eindeutige Klärung über die Erscheinungen und deren Ursachen geben könnte; dazu reichen einerseits die verhältnismäßig noch recht kurzen zusammenhängenden Beobachtungsreihen nicht aus, während andererseits die Auswahl wirklich störungsfreier Tage eine gewisse Schwierigkeit bietet und dadurch eine weitere Verminderung der zugrunde zu legenden Zahlenwerte herbeiführt. Wir sehen daher von einem Vergleich einiger Stationen in verschiedener Breitenlage überhaupt ab und beschränken uns zur Darlegung der Verhältnisse auf einen Ort mittlerer Breite, wofür uns die von K. Kähler zusammengestellten, langjährigen Beobachtungsreihen von Potsdam eine recht brauchbare Unterlage bieten.

Den jährlichen Gang des Spannungsgefälles kann man aus der Kurvendarstellung der Abb. 1 entnehmen. Hier weisen die Wintermonate Dezember÷Februar die höchsten Werte auf, während die Sommermonate Juni÷August den Mindestbetrag besitzen, und zwar beide Werte untereinander jedesmal ziemlich in der gleichen Größe. In den dazwischen liegenden Monaten zeigt der Frühling ein ebenso starkes Abfallen des Spannungsgefälles zu dem Tiefstwerte des Sommers, wie die im Herbst gemessenen Werte recht schroff zu dem Höchstwerte des Spannungsgefälles in den verhältnismäßig kalten Wintermonaten ansteigen. Der ganze Verlauf dieser Kurve trägt infolge der 20jährigen Beobachtungsreihe bereits einen recht ausgeglichenen Zug, den man bei den meisten Stationen kürzerer Beobachtungsdauer noch vermissen muß.

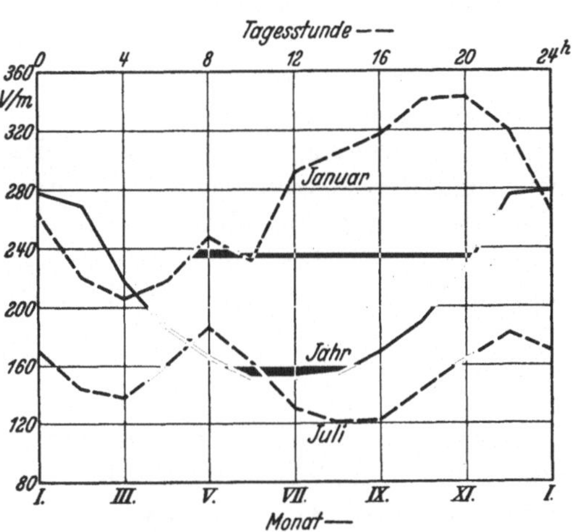

Abb. 1. Der jährliche und tägliche (im Januar und Juli) Verlauf des luftelektrischen Spannungsgefälles zu Potsdam (nach K. Kähler).

Wesentlich schwieriger läßt sich schon der tägliche Verlauf des Spannungsgefälles überblicken; hierbei muß man eine Trennung nach den verschiedenen Jahreszeiten vornehmen, wozu für die Hervorhebung der kennzeichnenden Merkmale in der Abbildung die Verhältnisse im Januar und Juli gegenübergestellt sind. Die Mittelwerte des beobachteten Verlaufes geben die gestrichelten Kurven der Abb. 1 wieder. Im Juli besitzt der tägliche Gang des Spannungsgefälles eine deutlich erkennbare doppelte Periode; die Höchstwerte treten in dem vorliegenden Beispiele um 8^h vormittags und um 10^{h} abends ein, zwischen denen die geringsten Werte des Spannungsgefälles in den frühen Morgen- (4^{h}) und Nachmittagsstunden (2^{h}) liegen. Dieser Verlauf ähnelt in gewisser Beziehung den ebenfalls doppelperioden Schwankungen des Luftdruckes während eines Tages. In den Wintermonaten aber tritt hierbei das abendliche Maximum bereits gegen 8^{h} ein, und zwar mit einer derartigen Stärke, daß dadurch der ganze Kurvenverlauf einen wesentlich anderen Charakter erhält und mehr die Form einer einfachen Welle annimmt. Es haben jedoch alle Beobachtungsreihen von verschiedenen Orten das Vorhandensein des Teilminimums, das in der beigefügten Abbildung um 10^{h} vormittags eintritt, bestätigt, wenn es auch in vielen Fällen nur schwach angedeutet ist. Die zeitliche Lage des winterlichen Hauptminimums (4^{h} morgens) und Nebenmaximums (8^{h} vormittags) hat sich dagegen in bezug auf die Lage im Juli nicht geändert.

Ein Vergleich dieser beiden eingezeichneten Kurven untereinander läßt den schon vorher erwähnten, ganz erheblich größeren Wert des Spannungsgefälles im Januar gegen den Betrag des Juli deutlich erkennen.

Wenn man die Abhängigkeit des luftelektrischen Spannungsgefälles von anderen meteorologischen Elementen erkennen will, stößt man auf dieselben Schwierigkeiten, die schon der Darlegung der allgemeinen Verhältnisse des Spannungsgefälles entgegentraten. Über den Zusammenhang dieser Erscheinung mit den vorliegenden Wärmeverhältnissen der Lufttemperatur konnte man ebenso aus der Kurve des jährlichen Verlaufes wie auch besonders aus dem täglichen Gange während des Winters an Hand der Abb. 1 entnehmen, daß bei niedriger Temperatur ein verhältnismäßig größerer Wert des Spannungsgefälles vorliegt als bei höheren Wärmegraden. Da aber bekannt ist, daß der Dampfdruck mit der Temperatur gleichzeitig zunimmt, so geht eine Erhöhung der Lufttemperatur und des Dampfdruckes Hand in Hand mit einer Verminderung des Spannungsgefälles. Daher findet man auch bei Beobachtungsstationen in höheren geographischen Breiten, die infolge ihrer Lage verhältnismäßig tiefe Temperaturen und Dampfdrucke besitzen, stets auch ein recht hohes Spannungsgefälle, wenngleich der direkte Einfluß der geographischen Breitenlage gegenwärtig noch nicht zahlenmäßig festzulegen ist. Dazu werden die Beobachtungsergebnisse viel zu sehr durch Einflüsse anderer Art bedingt, so daß selbst bei benachbarten Orten die gemessenen Werte des Spannungsgefälles häufig recht erhebliche Unterschiede aufweisen können.

Eine wesentliche Ursache hat man hierfür in den mechanischen Verunreinigungen der Luft kennengelernt. Denn diese setzen, solange sie nicht durch Luftströmungen irgendwelcher Art emporgewirbelt werden, — und derartige Störungen lassen wir bei diesen Darlegungen zunächst noch gänzlich außer Betracht — ebenfalls das Spannungsgefälle ganz beträchtlich herauf. Als Beleg mögen hier die Beobachtungsergebnisse von J. ELSTER und H. GEITEL[3] dienen, auf deren Ergebnissen die nachstehenden Zahlenwerte

Zahlentafel 2. Abhängigkeit des Spannungsgefälles von der Trübung der atmosphärischen Luft (nach J. ELSTER und H. GEITEL).

Maß der Trübung .	149	57	19	6	$\frac{100}{\text{km}}$
Spannungsgefälle .	378	298	122	141	$\frac{\text{Volt}}{\text{m}}$

fußen. Als Maß für die Trübung der Luft ist hierbei der hundertfache Betrag der reziproken Entfernung (km) gewählt worden, in der ein bestimmter Gegenstand noch sichtbar war. Danach steigt also das Spannungsgefälle mit der Trübung der Luft. Weitere Fortschritte in der Erkenntnis der luftelektrischen Erscheinungen können daher nur unter weitgehender Berücksichtigung dieser Tatsache erzielt werden.

Diese Verhältnisse aber werden nun grundlegend geändert, sobald irgendwelche lebhaften Luftbewegungen in der uns umgebenden Atmosphäre auftreten. Es braucht nur an die Vorgänge in einer Wasserstrahl-Influenzmaschine erinnert zu werden, um ein physikalisches Beispiel für diese Erscheinungen anzuführen. Wenn wir daher des Zusammenhanges wegen ein wenig vorgreifen und die wirkliche Erklärung hierfür etwas später nachholen, müssen wir die großen Kondensationserscheinungen der Atmosphäre ins Auge fassen.

Bereits beim Nebel, dessen Wassertröpfchen uns in ständiger, wenn auch geringer Wallung umgeben, werden die Verhältnisse des Spannungsgefälles durchaus geändert. Durch die auftretenden

Eigenladungen der einzelnen Tröpfchen wird hierbei nicht allein das Spannungsgefälle bedeutend herabgesetzt, sondern die Beobachtungen können sogar, falls die negativen Eigenladungen überwiegen, ein negatives Spannungsgefälle, d. h. eine Umkehr der Feldrichtung ergeben. Aus diesem Grunde war bei den vorhergehenden Betrachtungen über die Feldverteilung mit besonderem Nachdruck darauf hingewiesen worden, daß man sich bei der Auswertung der Ergebnisse nur auf die sog. störungsfreien Tage beschränken dürfe. Auf jeden Fall treten im Nebel große Schwankungen des Spannungsgefälles auf. In gleicher Weise macht sich auch der Einfluß der Wolken geltend. Hierbei üben die Gebilde großer Höhenlage eine praktisch zu vernachlässigende Wirkung aus, während die niedrigen Regen- und Streifenwolken ebenfalls eine Verminderung des luftelektrischen Spannungsgefälles bewirken.

Nachdem wir nun das ständige Bestehen eines Spannungsgefälles in den atmosphärischen Schichten erkannt haben, müssen wir auch die Folgeerscheinungen dieser Spannungsunterschiede in Betracht ziehen; denn jedes elektrische Spannungsgefälle stellt einen Zustand labilen Gleichgewichtes dar, der unter allen Umständen einen Ausgleich irgendwelcher Art herbeizuführen sucht. Und dieser Ausgleich findet in der Tat durch elektrische Ströme, deren Größe durch die Leitfähigkeit der atmosphärischen Luft bestimmt wird, statt. Auf die früheren Anschauungen und Erklärungsversuche, durch die zum Teil den wirklichen Vorgängen eine völlig entgegengesetzte Deutung gegeben wurde, brauchen wir an dieser Stelle nicht einzugehen, nachdem J. Elster und H. Geitel in grundlegender Weise die Erscheinungen der Ionentheorie auch auf die Elektrizitätsleitung der atmosphärischen Luft übertragen haben. Die Untersuchungen über die elektrischen Entladungserscheinungen in Gasen hatten nämlich zu dem Ergebnis geführt, daß in der Luft stets positiv und negativ geladene Teilchen, die sog. Träger oder Ionen, enthalten sind. Diese wandern nun unter dem Einflusse eines elektrischen Feldes je nach ihrer Ladung in der Richtung des Feldes oder entgegengesetzt dazu. Ihre Wirksamkeit kommt auf dieselben Erscheinungen hinaus, die aus der elektrolytischen Leitung der Flüssigkeiten bekannt sind. Trifft nun ein solcher Träger bei der Wanderung in einem elektrischen Felde auf ein ihm entgegengesetzt geladenes Teilchen, so gleichen sich entsprechende Ladungen aus, d. h. sie neutralisieren sich und üben nach außen hin keine Wirkung aus. In diesem Sinne ist beispielsweise die zeitliche Spannungsabnahme eines geladenen Körpers in Luft so aufzufassen, daß entgegengesetzt geladene Ionen unter dem Einflusse des Feldes auf den Körper zuwandern und beim Auftreffen auf die Oberfläche entsprechende Spannungsbeträge neutralisieren.

Die Anzahl der in der Raumeinheit vorkommenden Ionen, deren Einzelladung gleich der elektrischen Elementarladung (4,79 elektrostat. Einheiten) ist, kann zwischen recht weiten Grenzen schwanken. Im allgemeinen unterscheidet man zwei Arten von Trägern: die leichten Ionen, durch die überwiegend die Elektrizitätsleitung in der Atmosphäre vermittelt wird, im Gegensatz zu den schweren, den sog. Langevinschen Ionen, die durch eine Anlagerung positiver oder negativer leichter Ionen an Kondensationskerne, wie Staubteilchen oder Nebeltröpfchen entstehen und wegen ihrer größeren Masse eine bedeutend geringere Beweglichkeit besitzen. Aber gerade diese, an bestimmte Masseteilchen gebundenen Ladungen können, falls sie irgendwelchen Luftströmungen ausgesetzt sind, recht erhebliche örtliche Verlagerungen erfahren (durch die sog. Konvektionsströmungen) und damit starke und plötzliche Änderungen des luftelektrischen Feldes verursachen. Daneben findet bei ungestörter Wetterlage ein Ausgleich der in der Atmosphäre befindlichen Ladungen, der nach den Anschauungen der Ionentheorie eben durch die Anwesenheit der Elektrizitätsträger möglich ist, durch den sog. vertikalen Leitungsstrom statt. Messungen dieser Größe haben sowohl an verschiedenen Orten Europas wie auch auf dem amerikanischen Festlande der Größenordnung nach recht gut übereinstimmende Werte ergeben (ungefähr $2{,}5 \times 10^{-4}$ elektrostat. Einheiten). Da nun zwischen den aus der Elektrizitätslehre bekannten und auf die luftelektrischen Erscheinungen übernommenen Begriffen des Spannungsgefälles und der Leitfähigkeit bestimmte Beziehungen bestehen, weist die Leitfähigkeit im Vergleich zum Spannungsgefälle ungefähr das entgegengesetzte Verhalten auf, so daß nur auf einige bemerkenswerte Erscheinungen hier nochmals hingewiesen werden soll.

Während in den unteren Schichten der Atmosphäre bis ungefähr 1500 m Höhe infolge des Einflusses der Dunstschichten die elektrische Leitfähigkeit recht erheblichen Schwankungen unterworfen ist, konnte in größeren Höhen besonders durch die Ballonfahrten von A. Wigand eine erhebliche Zunahme der Leitfähigkeit festgestellt werden.

Daß während der Gewitter infolge der elektrischen Entladungen die Leitfähigkeit ganz bedeutenden Schwankungen unterworfen ist, liegt auf der Hand; diese Schwankungen setzen aber nicht gleichzeitig mit dem Beginn des Gewitters an einem Orte ein, sondern machen sich schon bis zu zwei Stunden vorher durch die Werte der Leitfähigkeit bemerkbar und geben dadurch die Möglichkeit, kurzfristige Gewittervoraussagen herauszugeben.

Eine Frage jedoch, die aber für die ganze Anschauung der Ionentheorie von grundlegender Bedeutung ist, wurde bisher in keiner Weise berührt. Wie kommt nämlich trotz der sich ständig ausgleichenden Ladungen der positiven und negativen Elektrizitätsträger die *Aufrechterhaltung des luftelektrischen Feldes* überhaupt zustande? Wir müssen daher auf die in der Atmosphäre sich abspielenden, Ionen erzeugenden und vernichtenden Vorgänge ein wenig genauer eingehen.

Betrachten wir zunächst den zweiten Teil dieser beiden Vorgänge, durch deren Zusammenwirken schließlich der Ionisationszustand der Atmosphäre und damit die Größe der luftelektrischen Leitfähigkeit bestimmt wird, so ist der wesentlichste Vorgang, der zur *Vernichtung der vorhandenen Ionen* führt, bereits mehrfach erwähnt worden, nämlich die Wiedervereinigung und der Ladungsausgleich entgegengesetzt geladener Ionen. Daneben vermindert auch die Anlagerung an nichtgeladene Staub- und Nebelteilchen die Anzahl der vorhandenen Ionen. Auch auf den Ionentransport durch Konvektionsströme war bereits vorher hingewiesen worden; in gleicher Weise können stärkere elektrische Felder ebensosehr eine Herabsetzung der Ionenzahl bewirken wie heftige elektrische Entladungen.

Alle diese Vorgänge kommen daher nach der Auffassung der Ionentheorie mehr oder weniger auf die Wiedervereinigung der getrennten Ladungen zu neutralen Luftmolekülen hinaus. Wir müssen deshalb, wenn dementgegen zur Aufrechterhaltung der luftelektrischen Leitfähigkeit der Bestand an Ionen keine Minderung erfahren soll, die Ursache für die erneute und ständige Trennung der neutralen Luftmoleküle in positiv und negativ geladene Ionen, deren Anwesenheit man als die Ionisierung der Luft bezeichnet und deren Anzahl in der Raumeinheit ein Maß für die Größe der Ionisierung gibt, aufsuchen.

Diese Trennung der neutralen Luftmoleküle in Ionen mit entgegengesetzter Ladung, also die Bildung von Ionen, kann nun auf zweierlei Ursachen zurückgeführt werden, die irdischen und kosmischen Ursprunges sind.

Die rein irdischen Ursachen der Ionisierung lassen sich fast durchweg auf radioaktive Vorgänge zurückführen. Aus rein laboratoriumsmäßigen Versuchen ist es ja bekannt, daß ebenso wie die Röntgenstrahlen auch die radioaktiven Elemente Uran, Radium, Polonium und Thor und ihre Zerfallprodukte (Emanationen) wesentlich eine Ionisierung der Luft, d. h. also eine Trennung der Ladung der neutralen Luftmoleküle, herbeiführen. Nun haben analytische Untersuchungen erwiesen, daß die Gesteine der Erdrinde derartige Substanzen stets in mehr oder geringerer Menge als Beimengungen enthalten. Diese Bestandteile aber wandeln sich unter Aussendung von Strahlen, die eben zur Ionisierung der Luft führen, in andere Atomarten um. Bemerkenswert ist in dieser Hinsicht die hohe Strahlungsabgabe des Granits im Gegensatz zu der recht geringen des lockeren Sandbodens. Da auch viele der aus den genannten radioaktiven Elementen gebildeten Salze im Wasser löslich sind, nimmt es nicht wunder, daß in gleicher Weise auch das Meereswasser und die großen Binnengewässer Spuren radioaktiver Substanzen enthalten. Besonders auffallend ist dieser Gehalt bei natürlichen Quellen, die bei dem Durchdringen der Gesteinsschichten eine recht beträchtliche Menge radioaktiver Stoffe aufnehmen. Die gleiche Tatsache beobachtet man bei Petroleum und Erdölen, die direkt aus dem Erdboden gewonnen werden. Auch die dem Erdboden entströmenden Gase sind emanationshaltig. Dies kann man nicht allein bei dem Sumpf- und Grubengas feststellen, sondern auch bei den Abgasen der noch tätigen Vulkane und aus den Befunden tiefer Bohrlöcher nachweisen. Die Reichweite aller dieser Einflüsse aber ist nach den Messungen von V. HESS [4] in der überwiegenden Mehrzahl nur auf die unteren Luftschichten unserer Atmosphäre beschränkt.

Nun ist jedoch aus den früheren Angaben bekannt, daß die Leitfähigkeit der atmosphärischen Luft, d. h. also die Ionisierung der Luft, mit wachsender Entfernung von der Erdoberfläche zunimmt; demnach können die vorher angeführten Einflüsse irdischen Ursprunges nur von untergeordneter Bedeutung für die Größe der Ionisierung sein. Nach den gegenwärtig herrschenden

Anschauungen glaubt man vielmehr die Ursache für die starke Zunahme der Ionisierung der Luft mit zunehmender Erhebung vom Erdboden auf einen Strahlungsvorgang außerirdischen Ursprunges zurückführen zu müssen. Dabei bleibt an sich die Frage noch offen, ob es sich hierbei direkt um eine aus dem Weltenraume kommende Strahlung handelt oder ob vielleicht in den höheren Atmosphärenschichten eine Umwandlung in derart wirksame Strahlung vor sich geht. Den Gesamtbereich dieser Erscheinungen faßt man unter dem Begriff der „durchdringenden Höhenstrahlung" zusammen, über die eine Bearbeitung von W. KOLHÖRSTER[5] weitere Unterlagen vermittelt.

Eine wesentliche Stütze dieser Anschauungen bilden die grundlegenden Forschungen von A. GOCKEL, V. HESS und W. KOLHÖRSTER, deren Ergebnisse die Unterlage für die Angaben der Abb. 2 bilden, in der als Maß für die Ionisierung der Luft die Anzahl der in der Zeiteinheit gebildeten Trägerpaare (also die Anzahl der positiven und negativen Ionen) in Anhängigkeit von der Höhe eingetragen ist. Diese Zunahme der Ionisierung der Luft mit gesteigerter Entfernung von der Erdoberfläche kann also nicht unter der Einwirkung erdentstammender radioaktiver Substanzen erfolgen. Wir müssen daher eine aus dem Weltraum in die irdische Atmosphäre eintretende Strahlung als eine weitere, und zwar als die wesentlichste Quelle der Ionisierung der Luft ansehen und begnügen uns mit dieser Feststellung, da gegenwärtig über den Ursprung und die Herkunft dieser Strahlung noch keine einheitliche Auffassung besteht, andererseits aber diese Tatsache für den Zweck der vorliegenden Betrachtungen nur von untergeordneter Bedeutung ist. Eine ausführliche Behandlung dieser Frage findet sich in einem Buche von V. HESS[6], der beson-

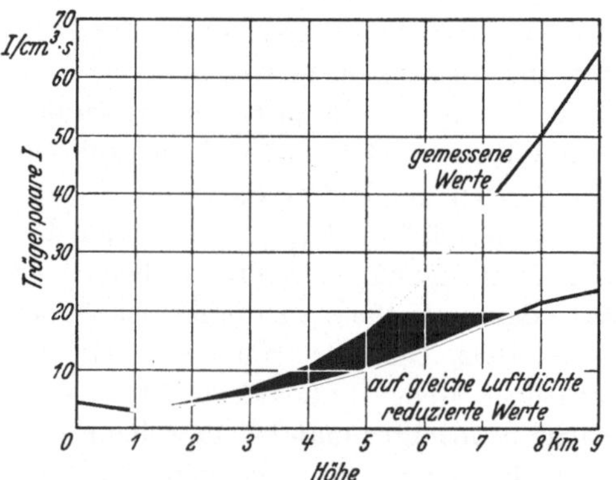

Abb. 2. Die unter dem Einfluß der durchdringenden Höhenstrahlung gebildeten Ionen (Trägerpaare) in verschiedener Entfernung von der Erdoberfläche.

ders auch der Ionisierungsbilanz der Atmosphäre eingehend Rechnung trägt.

2. Die Störungen des luftelektrischen Feldes.

Die allgemeinen Grundzüge des luftelektrischen Feldes lassen sich, wie aus den vorhergehenden Darstellungen erhellt, nur bei ungestörten Luftverhältnissen in einigermaßen übereinstimmender Weise den Beobachtungen entnehmen. Weit häufiger aber kommt es vor, daß durch auf- und absteigende Luftströmungen und durch Wolkengebilde die luftelektrische Verteilung recht einschneidenden Störungen unterliegt, deren Ursachen im einzelnen jedoch bisher noch keine einheitliche Erklärung gefunden hat. Auf jeden Fall dürfte hierbei die Influenzwirkung der irdischen Elektrizität auf die vorherrschende Spannungsverteilung in Wolkengebilden eine ausschlaggebende Rolle spielen. Bei den noch recht ungeklärten Verhältnissen werden wir uns in der Hauptsache auf eine Zusammenstellung der als gesichert anzunehmenden Ergebnisse beschränken.

Die Eigenladungen der Niederschläge. Die zum Erdboden gelangenden Niederschläge flüssiger und fester Art führen in mehr oder weniger starkem Umfange elektrische Ladungen mit sich, nämlich die an die einzelnen Niederschlagsteilchen gebundenen Eigenladungen. Beobachtungen haben in dieser Hinsicht zunächst ergeben, daß ungefähr bei der Hälfte der Niederschläge sich die getrennten Ladungen bereits auf dem Wege bis zur Erde ausgeglichen haben und keinen bestimmten Überschuß einer Ladungsart mehr aufweisen; der andere Teil der Niederschläge besitzt aber recht kennzeichnende Eigenladungen, deren Vorzeichen im wesentlichen durch die Wetterlage bestimmt erscheint. Man hat daher für die Bearbeitung derartiger Beobachtungen einen Unterschied gemacht zwischen den ruhigen Niederschlägen des Landregens, den keine Luftdruckschwankungen begleiten und den mit starken Luftströmungen verbundenen Böen- und Gewitterregen, deren auffallende Druckschwankungen in lebhaften Luftströmungen ihren Ausdruck finden. Diese Gesichtspunkte waren auch für die schematische Zusammenstellung der Zahlentafel 3 maßgebend, die ein Bild von dem vorherrschenden Vorzeichen der beobachteten Eigenladungen geben soll. Die Zahlentafel läßt erkennen, daß für die festen Niederschläge bei ruhigem Schneefall das negative Vor-

Zahlentafel 3. Die Eigenladungen der Niederschläge bei verschiedener Wetterlage.

Art des Niederschlags	Ruhiger Landregen und Schneefall	Böenregen	Gewitterregen
Regen	positiv	negativ	gleichmäßiger Anteil
Schnee	negativ	—	—
Graupel und Hagel	—	positiv	—
Beobacht. Eigenladung	0,5÷10 Volt	größer als bei Landregen	28÷300 Volt

zeichen überwiegt im Gegensatz zu den Eigenladungen der flüssigen Niederschläge; in gleicher Weise aber wird auch das entgegengesetzte Verhalten des Böenregens zu dem sog. ruhigen Landregen ersichtlich. Bei dem Gewitterregen mit elektrischen Entladungserscheinungen ist der Anteil der positiven oder negativen Ladungen ungefähr gleichmäßig verteilt, so daß sich kein bestimmter Überschuß in der einen oder anderen Richtung feststellen läßt.

Auf Grund der Messungen von P. GSCHWEND[7] sind außerdem der Zusammenstellung noch Angaben über die Größe der beobachteten Eigenladung einzelner Tropfen beigefügt worden. Im allgemeinen steigt natürlich die Ladung eines Tropfens mit seiner Größe, auf gleiche Raumeinheit bezogen weisen jedoch die kleineren Tropfen eine verhältnismäßig größere Eigenladung auf.

Die Gewitter[8]. Die wesentlichsten Störungen des luftelektrischen Feldes in unserer irdischen Atmosphäre finden in den Gewittererscheinungen ihren Ausdruck. Wenn man der Auffassung von J. v. HANN folgt, versteht man darunter das Auftreten größerer Kondensationsvorgänge des atmosphärischen Wasserdampfes, die mit sichtbaren und hörbaren elektrischen Entladungserscheinungen verbunden sind. Dabei sind die Kondensationsvorgänge und die dadurch hervorgerufenen Niederschläge nicht nur eine hinreichende, sondern die notwendige Bedingung für das Entstehen der Gewitter, da diese Wolkengebilde in der Hauptsache durch lebhafte, aufsteigende Luftströmungen bedingt werden, die ihrerseits durch die heftige Durcheinanderwirbelung der kondensierten Wassertropfen zur Erzeugung eines so hohen Spannungsgefälles beitragen, wie es für die elektrischen Entladungserscheinungen erforderlich ist.

Ihrer Entstehung nach sind die Gewittererscheinungen nicht einheitlichen Ursprunges. Schon H. MOHN unterschied in bezug auf die Einteilung der Gewitter zwei voneinander ganz verschiedene Arten, nämlich die Wirbelgewitter und außerdem die Wärmegewitter. Neben den bei den Naturvorgängen stets vorhandenen Übergangserscheinungen, bei denen es schwerfällt, sie der einen oder anderen Klasse einzufügen, hat man neuerdings noch die Gewitter, die in den Grenzgebieten kalter und warmer Luftmassen entstehen, als Sondergruppe dieser vorhergenannten Unterteilung hinzugefügt.

Am häufigsten wird man im allgemeinen in denjenigen Gegenden die Entstehung der Gewitter antreffen, in denen die Vorbedingung zur Ausbildung gewisser Gegensätze sowohl in den Luftströmungen wie auch in der Wärmeverteilung gegeben ist; hierbei kann auch die morphologische Gestaltung der Erdoberfläche eine wesentliche Rolle spielen.

Betrachten wir zunächst in diesem Zusammenhange die Wirbel- oder Frontgewitter, die hauptsächlich als eine Begleiterscheinung der Tiefdruckwirbel unserer Atmosphäre auftreten und deren örtliche Verlagerung sie mitmachen. Daher erfolgt im mittleren Europa ihr Fortschreiten vornehmlich von Westen nach Osten mit einer im Verhältnis zur Breite meist recht langen Front, die ziemlich mit der Nord-Südrichtung übereinstimmt. Ein besonderes Merkmal dieser Gewitter ist der Umstand, daß sie im Hochsommer einen Witterungsumschlag zu kühlem und nassem Wetter einleiten und auch die ersten Wärmeperioden des Frühjahres häufig unter Auslösung eines Wirbelgewitters ihr Ende finden.

Im Gegensatz hierzu stehen die ihrem Auftreten nach rein lokalen Wärmegewitter, die ungefähr zwei Drittel aller gewitterähnlichen Erscheinungen der Atmosphäre umfassen. Diese Art der Gewitter tritt stets dann auf, wenn durch einseitige Erwärmung erhebliche Störungen in der vertikalen Verteilung der Luftdichte stattfinden, sei es durch starke Erwärmung der unteren Luftschichten oder durch übermäßige Abkühlung (Abstrahlung) der oberen Luftschichten. Dadurch entstehen recht lebhafte, aufsteigende Luftströmungen, die diesen Gewittern eine besondere Heftigkeit hinsichtlich der Niederschläge (häufig mit Hagel verbunden) und den elektrischen Entladungen verleihen. Zum Teil bilden sich hierdurch kleine Luftdruckwirbel aus, die dann als selbständige Gebilde über das Land fortschreiten können, aber ihre Wirksamkeit einbüßen, sobald sich unter dem Einfluß des Gewitters selbst das gestörte Gleichgewicht in vertikaler Richtung wieder ausgeglichen hat. Deshalb handelt es sich hierbei um örtlich recht umgrenzte Vorgänge, die keinen nachhaltigen Einfluß auf die allgemeine Wetterlage ausüben. Da diese Gewitter hauptsächlich auf Erwärmungsvorgänge zurückzuführen sind, wird ein gewisser Zusammenhang mit dem täglichen Temperaturverlauf vorhanden sein.

Den Wärmegewittern sind auch die bei Vulkanausbrüchen auftretenden, sehr heftigen Gewitter zuzurechnen, bei denen erhebliche Mengen erwärmten Wasserdampfes in große Höhen emporgeführt werden und dort starke Kondensationserscheinungen hervorrufen.

Zu erwähnen sind nun noch die Gewitter, die in den Grenzgebieten zwischen warmen und kalten Luftmassen auftreten können. Die zunächst in horizontaler Richtung nebeneinander befindlichen Wärmeunterschiede können, sobald anders temperierte Luft in eine Luftsäule eindringt, an der Begrenzungsfläche der verschieden erwärmten Luftschichten nach der Helmholtzschen Auffassung über die Wirbelbildung an Diskontinuitätsflächen zur Ursache von gewitterähnlichen Erscheinungen werden.

Wir wollen uns nun den Erscheinungen bei Gewittern selbst zuwenden. Die charakteristischen Bildungen der Gewitterwolken lassen sich besonders gut bei den Wärmegewittern verfolgen, die in unseren Gebirgstälern sich häufig bilden, in tropischen Gegenden aber fast ausnahmslos die Regel sind. Wenn unter dem Einfluß der aufsteigenden Strömungen die wasserdampfreichen Luftmassen — in unseren Gegenden häufig bis zur Lage der 0°-Isotherme — emporgehoben werden, schießen aus den oberen Teilen der Haufenwolken eigenartige, schirm- oder pilzähnliche Wolkengebilde in die Höhe, die meist noch von leichten Federwolken begleitet sind. Erst nach dem Entstehen dieser Erscheinungen setzen die Niederschläge und elektrischen Entladungen mit großer Heftigkeit ein, die Haufenwolken verdichten sich dabei immer mehr, die Regengüsse gewinnen unter gleichzeitiger Abnahme ihrer Stärke an Gleichmäßigkeit, bis die ganze Erscheinung gemäß den oben dargelegten Tatsachen aus sich selbst heraus wieder ihrem Ende entgegengeht und die Wolken sich bei Herstellung des Gleichgewichtes der Luftdichte auflösen.

Nicht ganz so einfach läßt sich die Entwicklung der Wolkengebilde bei den Wirbelgewittern überblicken. Falls es sich hierbei um ausgesprochene Wirbelgewitter handelt, geht der fortschreitenden Front eine recht scharf begrenzte Federwolkenschicht voraus, auf die erst nach 2 bis 4 Stunden die Bildung der Haufenwolken folgt, oder aber es entstehen zunächst leichte Schleierwolken, die mit zunehmender Verdichtung sich ständig herabsenken und allmählich in geschichtete Haufenwolken übergehen. Nach Ablauf der elektrischen Entladungen bleiben diese Wolkengebilde als richtige Regenwolken bestehen und ziehen mit dem Tiefdruckgebiet, dem sie ihre Entstehung verdanken, weiter.

Die auffallendste Begleiterscheinung der Gewitter ist der Blitz, eine elektrische Entladung in der atmosphärischen Luft bei Spannungsunterschieden, die bisher auch der Größenordnung nach noch nicht im Laboratorium erzeugt werden konnten. Nach den Schätzungswerten von M. TOEPLER hat man es hierbei mit Spannungsunterschieden bis zu 10^8 V zu tun, während man die bei Blitzschlägen auftretenden Stromstärken aus ihrer magnetisierenden Wirkung (besonders auf Basalt) bis zu $2 \cdot 10^4$ A berechnet hat. Während aber noch E. THOMSON in derartigen Entladungen lediglich einen Gleichspannungsvorgang sah, dürfte jetzt nach den überzeugenden Darlegungen von F. EMDE[9] die oszillatorische Natur des Blitzes unumstritten sein.

Im allgemeinen pflegt man verschiedene Arten der Blitze zu unterscheiden: 1. den Linienblitz, der die häufigste Form darstellt, meist aber unter zahlreichen Verzweigungen und Verästelungen seinen Weg durch die Luft nimmt; 2. den Flächenblitz, der im wesentlichen eine Entladungserscheinung zwischen zwei entgegengesetzt geladenen Wolken (entweder Wolke gegen Wolke oder verschiedener übereinander befindlicher Wolkenschichten) darstellt und meist als eine flächenhafte Aufhellung größerer Wolkenteile beobachtet wird; 3. den Perlschnurblitz, eine nur verhältnismäßig selten auftretende Erscheinung, die aus einer großen Anzahl einzelner Lichtpunkte besteht, die sich zu einer leuchtenden Schnur aneinanderreihen, und 4. den Kugelblitz[10], einen bisher noch am wenigsten geklärten Vorgang, bei dem sich ein leuchtender kugelförmiger Ball von oft mehr als 10 cm Durchmesser mit einer im Verhältnis zu den anderen Entladungserscheinungen recht langsamen Geschwindigkeit bewegt, dessen tiefere Begründung aber bisher noch nicht einwandfrei gelungen ist, zumal die Gebilde sich meist explosionsartig auflösen.

Wie alle kurzfristigen elektrischen Entladungserscheinungen in Luft unter auffallenden akustischen Geräuschen vor sich gehen, werden auch die Blitzschläge von starker Schallwirkung begleitet, dem Donner, der durch die heftige Lufterschütterung bei den Entladungsvorgängen entsteht; die Hörweite, die durch mancherlei Umstände recht stark herabgesetzt werden kann, scheint im allgemeinen nicht über 30 km hinauszugehen.

Es mag nun noch ganz kurz auf zwei Erscheinungen hingewiesen werden, deren Auftreten ebenfalls recht eng mit den Gewittern verbunden ist, die Gewitterböen und der Hagelschlag. Eine Neigung zur Ausbildung von Gewitterböen pflegt sich schon durch die Luftdruckverteilung anzudeuten, wenn nämlich die Isobaren einen Tiefdruckwirbel nicht mehr völlig ovalförmig umgeben, sondern nach einer Seite hin schlauchartig ausgebuchtet sind und zwischen dem vorderen und hinteren Teile dieser Rinne tiefen Druckes bedeutende Temperaturunterschiede bestehen. Es wälzen sich dann meist in recht breiter Front schwere dunkle Wolken heran, aus denen die Niederschläge und elektrischen Entladungen unter orkanartigen Windstößen niedergehen.

Die Hagelkörner, von denen recht mannigfaltige Formen bekannt sind, bilden sich in größeren Höhen, wenn durch rasch aufsteigende Luftströmungen der Wasserdampf der Luft weit über die 0°-Isotherme emporgehoben wird, dabei eine Unterkühlung erfährt und dann um so plötzlicher feste Gestalt annimmt.

Während des Heranziehens und der Entladung eines Gewitters muß naturgemäß auch der Gang der meteorologischen Elemente von diesen Vorgängen bestimmend beeinflußt werden. Bei den Wirbelgewittern steigt während der Bildung der Schleierwolken unter ständig fallendem Luftdruck die Windgeschwindigkeit recht lebhaft an; die Windrichtung ist dabei am Erdboden meist der Fortpflanzungsrichtung des Gewitters entgegengesetzt, da die Gewitterwolken der Windrichtung höherer Luftschichten folgen. Nach Eintritt der elektrischen Entladung zeigt der Luftdruck bei abschwächender Windstärke einen merkbaren Anstieg, während die Lufttemperatur mehr oder weniger rasch abnimmt zu der dann meist einsetzenden kühlen und nassen Witterung.

Auch bei den Wärmegewittern nehmen der Luftdruck und die

relative Feuchtigkeit bis zum Eintritt starker Bewölkung ständig ab, während die Temperatur noch einen geringen Anstieg aufweist. Nach Einsetzen der Niederschläge aber sinkt die Temperatur, während der Luftdruck stark ansteigt und der Wind nachläßt. Ist nach Vorübergang des Gewitters das Gleichgewicht der Luftdichte wiederhergestellt, so findet man im Vergleich zu dem Zustande vor dem Gewitter meist einen etwas geringeren Luftdruck, aber ein wenig höher liegende Temperaturen.

Die örtliche Verteilung der Gewitter. Ein Maß für die Gewittertätigkeit in einem mehr oder weniger begrenzten Gebiete gibt die Häufigkeit, d. i. die Anzahl der in einem bestimmten Zeitabschnitt auftretenden Gewitter. So werden beispielsweise in der Nähe des Äquators durchschnittlich an 100 bis 150 Tagen des Jahres Gewitter beobachtet; in mittleren Breiten geht diese Anzahl auf ungefähr 25 bis 50 Tage zurück, während in den Gebieten jenseits des Polarkreises überhaupt nur an recht wenigen Tagen des Jahres Gewitter auftreten. Man ersieht aus diesen Angaben deutlich, daß die Häufigkeit der Gewitter von der äquatorialen Zone an mit zunehmender Breite ganz beträchtlich abnimmt. Dazwischen sind aber auch andere Gebiete eingelagert, in denen ebenfalls Gewittererscheinungen nicht allzu häufig vorkommen, z. B. in den Wüsten und Steppen. Im allgemeinen nimmt die Häufigkeit von der Küste landeinwärts meist zu und pflegt auch mit der Annäherung an Gebirge anzusteigen.

Mit Ausnahme der rein lokalen Gewitterbildungen in Gebirgstälern, die häufig am Nachmittage entstehen und sich des Nachts wieder auflösen, dabei aber fast ausschließlich an den Ort ihrer Entstehung gebunden sind, zeigen alle anderen Gewitter eine mehr oder weniger starke Fortbewegung. Schon die bei den Wärmegewittern über ebenem Gelände sich ausbildenden geringen Luftdruckwirbel zeigen eine gewisse Vorwärtsbewegung, die sich allerdings nicht auf große Entfernungen erstreckt. Über die Zugrichtung der ausgesprochenen Frontgewitter ist bereits vorher das Wesentlichste erwähnt worden. Dabei scheinen in den Sommermonaten größere Wasserflächen und auch Flußläufe auf die Zugrichtung hemmend oder ablenkend einzuwirken.

Die Geschwindigkeit, mit der sich Gewitter fortbewegen, hat sich besonders bei den Frontgewittern verhältnismäßig gut feststellen lassen; sie beträgt für die mittleren Teile Europas ungefähr

35÷40 km/h, doch hat man gelegentlich auch Gewitter beobachtet, die mit einer Stundengeschwindigkeit bis zu 60 km sich fortbewegen.

Die zeitliche Verteilung der Gewitter. Behält man die Trennung der erwähnten Häufigkeitszahlen nach den einzelnen Monaten bei, so kann man, falls sich die Beobachtungen auf längere Jahrgänge erstrecken, die Verteilung der Gewittertätigkeit auch über den Verlauf des Jahres erkennen. Einige allgemeine Ergebnisse in dieser Richtung mögen hier Platz finden. In den Tropen und subtropischen Gebieten fällt die größte Gewittertätigkeit meist mit der Hauptregenzeit zusammen, wobei eine Häufung der Gewittertage zu Beginn und am Ende dieses Zeitabschnittes einzutreten pflegt. In mittleren geographischen Breiten sind die Sommermonate die Hauptzeit der Gewitter. Bei der überwiegenden Anzahl der Wärmegewitter muß naturgemäß ein gewisser Gegensatz in der Verteilung auftreten. So liegt beispielsweise im Binnenlande die Hauptgewittertätigkeit im Frühsommer, während man im Herbst nur eine geringe Anzahl Gewittertage feststellen kann und in bezug auf diese Werte den Winter als gewitterarm bezeichnen muß. In den Küstengebieten findet man dagegen auch in den Wintermonaten — relativ genommen — noch häufig Gewitter, während hier das Frühjahr als gewitterarm zu bezeichnen ist.

In ähnlicher Weise läßt sich auch, wenn man die einzelnen Stunden vermerkt, in denen Gewitterentladungen auftreten, der tägliche Gang der Gewitterhäufigkeit verfolgen. Auch bei diesen Feststellungen muß sich die überwiegende Anzahl der Wärmegewitter geltend machen, und so findet man in der Tat zur Zeit der höchsten Tagestemperaturen in den ersten Nachmittagsstunden eine lebhafte Häufung der Gewittertätigkeit, die an vielen Beobachtungsstationen des Binnenlandes ungefähr den achtfachen Betrag der dort während der Nacht und in den frühen Morgenstunden auftretenden Gewitter erreicht. Von dieser Feststellung machen nur die Inseln und Küstenorte eine Ausnahme, bei denen die an sich geringere Gewittertätigkeit des Nachts größer ist als am Tage.

II. Der Einfluß meteorologischer Elemente auf die Betriebstechnik.

1. Die Erscheinungen an Freileitungen.

Gehen wir nunmehr dazu über, das Wechselverhältnis zwischen dem Einwirken atmosphärischer Vorgänge und dem Verhalten elektrotechnischer Anlagen und Einrichtungen offensichtlich zu machen, so steht uns kein eindrucksvolleres Beispiel hierfür zur Verfügung als die störenden Einflüsse der Witterung auf die Strom- oder Energieübertragung der Freileitungen, mit deren Behandlung wir die Betrachtungen dieses Kapitels einleiten wollen.

Unter Berücksichtigung der zu erfüllenden Aufgaben, denen diese Freileitungen dienen, wird uns die Einwirkung der äußeren Einflüsse in recht unterschiedlicher Art begegnen und dadurch gleichzeitig einen ersten Einblick gewähren, in wie verschiedener Weise der Einfluß durch die meteorologischen Elemente zustande kommt; denn nicht nur die für den Fernsprech- und Fernmeldeverkehr bestimmten Leitungen und die Antennen großer Spannweite, sondern auch die der Stromzuführung dienenden Fahrdrähte und nicht zuletzt die für die Energieübertragung gespannten Hochspannungsfreileitungen sind diesen Einflüssen ausgesetzt.

Die normale Arbeitsweise dieser Anlagen wird zuweilen durch innere oder äußere Störungen in empfindlicher Weise unterbrochen. Eine solche Beeinträchtigung jedoch nach Möglichkeit zu vermeiden und bei vorauszusehenden Störungsfällen von vornherein zweckentsprechende Gegenmaßnahmen zu treffen, liegt im Bestreben eines jeden Betriebstechnikers. Während nun die inneren Störungen fast ausschließlich auf konstruktive Einzelheiten der betreffenden Anlage zurückzuführen sind, steht man bei äußeren Betriebsstörungen dem ungehemmten Walten der Naturkräfte nicht selten machtlos gegenüber. Wir werden daher bei den einzelnen, hier behandelten Punkten Gelegenheit nehmen, nicht allein die Störungen als solche hervorzuheben, sondern gerade auch auf die Versuche, die man in dem betreffenden Falle als Gegenmaßnahmen getroffen hat, hinweisen.

Aus der bisher vorliegenden Anzahl systematischer Zusammenstellungen sollen hier zwei zur näheren Erläuterung der Verhältnisse herangezogen werden. So hat beispielsweise J. Hemstreet[11] für ein umfangreiches amerikanisches Verteilungsnetz, mit 22 kV Betriebsspannung, die in fünf aufeinanderfolgenden Jahren aufgetretenen Störungen nach ihren Ursachen zusammengestellt. Aus den diesbezüglichen Angaben sind die sich ergebenden Zahlenwerte der äußeren Störungen in der beigefügten Zahlentafel 4 zusammengestellt worden, wozu nur zu bemerken ist, daß nach dem Jahre 1920 die Leistungsfähigkeit dieses Verteilungsnetzes ganz erheblich

Zahlentafel 4. Anteil der äußeren Betriebsstörungen an den Gesamtstörungen eines 22-kV-Netzes (nach J. HEMSTREET).

Jahr	1920	1921	1922	1923	1924
a) Blitzschlag . . .	56,5	17,3	20,6	15,0	7,5
b) Wind und Hagel	2,2	7,4	27,8	22,8	12,8
$\Sigma(a + b)$ . .	58,7	24,7	48,4	37,8	20,3

gesteigert und dadurch eine unverkennbare Verminderung der (inneren und äußeren) Gesamtstörungen herbeigeführt worden ist; im Jahre 1922 hatte ein großer Teil der Anlage unter den Folgen eines verheerenden Schneesturmes sehr zu leiden, wodurch sich die starke Zunahme des verhältnisgemäßen Anteiles der Wind- und Hagelstörungen erklärt.

Nach anderen Gesichtspunkten ist das zweite Beispiel zusammengestellt worden; hier galt es, den Zusammenhang zwischen dem Einfluß der äußeren Störungen und der Höhe der Betriebsspannung des Verteilungsnetzes darzulegen. Diese Verhältnisse kommen in der Arbeit von A. RACHEL[12] zum Ausdruck, der für das gesamte sächsische Landesnetz im Jahresdurchschnitt die auf 1 km Leitungslänge entfallenden Störungen in einem an Schneefällen und Gewittern armen (1923) und reichen (1924) Jahre gegenübergestellt hat. Die zum Teil bis auf die doppelte Größe heraufgesetzten

Zahlentafel 5. Einfluß der Höhe der Betriebsspannung auf die Anzahl der auf 1 km der gesamten Netzlänge entfallenden äußeren Störungen (nach A. RACHEL).

Betriebsspannung	20 kV	30 kV	40 kV	100 kV
1923	0,022	0,007	0,006	0,0005
1924	0,044	0,012	0,008	0,0010

Beträge der äußeren Störungen sind in der nebenstehenden Zahlentafel 5 deutlich zu erkennen. Gleichzeitig bestätigen diese Zahlenwerte aber auch die Tatsache, daß die Betriebssicherheit von Hochspannungsanlagen gegen äußere Störungen ganz bedeutend zunimmt mit der Erhöhung der Betriebsspannung, worauf wir bald noch weiter eingehen werden.

Unter dem Gesichtspunkte der atmosphärischen Erscheinungen, wobei die mannigfachen Störungen durch geophysikalische und erdmagnetische Vorgänge außerhalb des Rahmens dieser Betrachtungen liegen, sollen nun die Erscheinungen an Freileitungen im einzelnen behandelt werden, wobei wir mit dem Durchhang der Freileitungen beginnen werden, sodann auf die Verluste der Freileitungen näher eingehen und zum Schluß die durch atmosphärische Vorgänge ausgelösten Überspannungserscheinungen streifen werden.

a) Der Durchhang der Freileitungen.

Die Frage nach dem Durchhang der Freileitungen steht als solche hier nicht zu Erörterung; er ist eine ganz natürliche Folge der vorliegenden Verhältnisse und des für die Leitung benutzten Materials; für den praktischen Betrieb zunächst gegeben durch die sog. absolute Spannweite, d.h. den gegenseitigen Abstand der Maste voneinander, sodann durch den Querschnitt und das spezifische Gewicht des Leiters und schließlich durch die bei der Verlegung herrschende Lufttemperatur und den aufgewandten Zug. Im allgemeinen hat man hierfür bis vor kurzer Zeit noch fast ausschließlich die von M. JAEGER[13] aufgestellten Tafeln zur Hand genommen, die Angaben über den Freileitungsbau bei Verwendung seilförmiger Leiter aus Kupfer, Aluminium, Eisen und Stahl enthalten. In jüngster Zeit sind diese Unterlagen ganz wesentlich ergänzt und verbessert worden durch R. EDLER[14], dessen untengenanntes Buch reichhaltige Literaturnachweise über diese so oft behandelte Frage gibt und das sich besonders mit dem Durchhange der Freileitungen aus Kupfer- und Bronzedraht beschäftigt. Der Praktiker wird auch das von C. FELDMANN[15] verfaßte Buch über die Berechnung elektrischer Leitungsnetze bei der Bearbeitung praktischer und theoretischer Fragen nachschlagen.

Verfolgt man die analytische Bearbeitung der Übertragungsleitungen höherer Spannungen und größerer Längen nach rein mathematischen Gesichtspunkten, so kommt man bei der zahlenmäßigen Auswertung der Gleichungen meist auf hyperbolische Funktionen mit komplexen Winkeln, deren Lösung sehr zeitraubend ist. Aus diesem Grunde sind eine Anzahl graphischer Verfahren für die Berechnung der Hochspannungsleitungen entwickelt worden, von denen einige bemerkenswerte unten erwähnt werden[16]. Eine besondere Lösung wird dieser Aufgabe von H. DRIGHT[17] gegeben, der für den Durchhang der Freileitungen nicht die geometrische Form einer Parabel, sondern eine Kettenlinie seiner Betrachtungsweise zugrunde legt und für die weitere Behandlung sich des Hilfsmittels der unendlichen Reihen bedient.

Hinsichtlich der Beanspruchung der gespannten Leitung ist man natürlich durch die mechanischen Festigkeitseigenschaften des verwendeten Materials an gewisse Höchstwerte gebunden unter Beachtung eines bestimmten Sicherheitsgrades; dieser letztere ist für eindrähtige Leitungen höher zu bemessen als für verseilte Leiter, so daß man mit folgender Höchstbelastung zu rechnen hat: bei eindrähtigen Kupferleitern mit 12 kg/mm², bei Kupferseilen mit 19 kg/mm² und bei Aluminiumseilen mit 9 kg/mm². Die Größe des Durchhanges selbst kann auf verschiedene Weise ermittelt werden, beispielsweise durch das von R. Loew[18] beschriebene Verfahren unter Verwendung eines Nivellierinstrumentes oder auch dadurch, daß man bei der Verlegung der Leitungen den erforderlichen Zug mit Hilfe eines Federdynamometers einstellt.

Diese normale Beanspruchung der Freileitungen unterliegt nun im praktischen Betriebe außerdem noch der Beeinflussung durch den Wind und die Niederschläge, deren Einflüsse gerade diese Vorgänge in den Kreis dieser Betrachtungen ziehen. Nun ist es aber verhältnismäßig schwierig, den Höchstwert dieser zusätzlichen Beanspruchung zahlenmäßig festzustellen, da sowohl die Niederschläge, wie wir bald sehen werden, in den verschiedensten Formen als Schnee, Rauhreif oder Vereisung (in dieser Reihenfolge mit steigendem, spezifischem Gewicht) auftreten können und auch der Winddruck nicht allein wegen der wechselnden Windgeschwindigkeit und -richtung zur Leitung, sondern vor allem wegen der Größe der getroffenen Leitungsfläche zwischen recht weiten Grenzen schwanken kann. Weit schwieriger noch, wenn beide Umstände wie bei winterlicher Vereisung zusammentreffen. Man hat daher in den VDE-Vorschriften für Starkstromleitungen den Ausweg gewählt, die beiden Einflüsse in eine gemeinsame Zusatzlast zusammenzufassen und dafür den Wert $180 \cdot \sqrt{d}$ stets in Rechnung zu setzen, wobei diese Zusatzlast in Gramm für den laufenden Meter der gespannten Leitung von d mm Durchmesser (bei isolierten Leitungen als Außendurchmesser gerechnet) in Frage kommt. Bei der Ermittlung des größten Durchhanges der Leitung ist dann die Rechnung sowohl für eine Außentemperatur von —5° C unter Berücksichtigung der soeben erwähnten Zusatzlast, wie auch für +40° C ohne diese zusätzliche Belastung durchzuführen, da unter diesen Verhältnissen aller Voraussicht nach die größten Durchhänge zu erwarten sind.

Untersuchungen aus den letzten Jahren[19] lassen erkennen, daß man der Zusatzlast durch obigen Ausdruck zu stark Rechnung trägt, und der Anstieg mit einer niederen Wurzel des Durchmessers erfolgt.

Während die vorher erwähnten Beanspruchungen der Freileitungen durch Niederschlag und Wind vornehmlich für die Bemessung der mechanischen Festigkeit maßgebend sind, müssen in bezug auf die elektrische Sicherheit der Anlage andere Gesichtspunkte berücksichtigt werden. Hierfür ist naturgemäß der Betriebsspannung entsprechend ein bestimmter Abstand der einzelnen Phasenleitungen voneinander vorgesehen. Unterlagen für den erforderlichen gegenseitigen Abstand blanker Hochspannungsleitungen findet man in den Vorschriften des VDE für die Errichtung und den Betrieb von Starkstromanlagen. Die räumliche Anordnung der Leitungen und der Abstand der Phasenleitungen voneinander muß so gewählt sein, daß eine unzulässige Annäherung oder gar ein Zusammenschlagen beim Schwingen für die praktisch in Betracht kommenden Verhältnisse nicht zu erwarten ist.

Das Schwingen der Leitungen kann nun im allgemeinen durch zweierlei Ursachen hervorgerufen werden, nämlich einmal durch die Einwirkung des Windes und ferner auch durch eine plötzliche Entlastung der Leitung von dem Eisbehang; in diesem Falle schnellt die entlastete Leitung bis weit über den normalen Durchhang hinauf und kann dann unter Umständen mit einer vielleicht noch nicht entlasteten Phasenleitung einen Überschlag oder Kurzschluß hervorrufen. Durch eine seitliche Versetzung der Leitungen gegeneinander sucht man dieser Möglichkeit zu begegnen; so ist für die Aufhängung der Phasenleitung von Mehrleiter-Hochspannungsanlagen in Deutschland fast ausschließlich die sog. Tannenbaum-Anordnung in Gebrauch gegenüber der Dreiecks-Anordnung oder auch der umgekehrten Tannenbaum-Anordnung anderer Anlagen. Nach den bisherigen Erfahrungen steht aber die Betriebssicherheit aller dieser Anordnungen in bezug auf die genannten Störungen zurück gegen die besonders in Schweden und Amerika bevorzugte, allerdings auch teurere Anordnung nach dem sog. horizontalen Leitersystem, bei dem die Unterstützungspunkte sich in einer waagerechten Ebene nebeneinander befinden.

Erst in den letzten Jahren hat diese Bauart auch in Deutschland wegen ihrer bestimmten Vorzüge weitere Verwendung gefunden.

Wenden wir uns nun der Art der zusätzlichen Belastung im einzelnen zu. Die bei Temperaturen oberhalb des Gefrierpunktes fallenden Niederschläge üben auf die hinreichend bemessenen Freileitungen keinen nachhaltigen Einfluß aus, da die einzelnen Regentropfen eine gewisse Größe nicht überschreiten können. Ganz anders dagegen, wenn sich die Luftfeuchtigkeit in fester Form an den Leitungen niederschlagen kann, oder der bereits kondensierte Wasserdampf in Form von Schnee einen reichen Behang der Leitung bildet. Das gleichzeitige Auftreten mehrerer dieser Vorgänge kann der Erscheinung einen noch bedeutend stärkeren Eindruck verleihen. Dasselbe tritt auch auf, wenn nach vorausgegangener Sonnenbestrahlung oder nach gelindem Tauwetter das geschmolzene Wasser in die Hohlräume des lockeren Schnee- oder Rauhreifbehanges eindringt und bei eintretender Kälte die Leitung dann mit einer zusammenhängenden Eismasse umgibt; deshalb ist für die zu erwartende Eisbelastung der Leitungen dem Praktiker auch eine ungefähre Kenntnis über die Dauer zusammenhängender Frostperioden sehr erwünscht. Überhaupt ist man gegenwärtig bestrebt, durch Gemeinschaftsarbeit nach einheitlichen Gesichtspunkten ein hinreichendes Beobachtungsmaterial über die Bildung und den Einfluß der Eislast auf Freileitungen zusammenzutragen. Diesem Zwecke dient das von der Studiengesellschaft für Höchstspannungsanlagen aufgestellte Merkblatt[20].

Es ist eine bekannte Tatsache, daß die Bildung von Rauhreif durch die Höhenlage eines Ortes über dem Meeresspiegel erheblich begünstigt wird. Nimmt man als Beleg hierfür die Anzahl der Tage an, die im Laufe des Jahres Rauhreifbildung aufweisen, so kommt man zu den Werten der nebenstehenden Zahlentafel 6, die dem vorher erwähnten Merkblatte entlehnt sind. In dieser Hinsicht scheint auch in dem Gebiete des Vogelsberges die Rauhreifbildung recht stark aufzutreten, worüber R. v. Stadler[21] einige bemerkenswerte Angaben mit eindrucksvollen Abbildungen macht. Danach hat bei 35 mm² Kupferleitungen der Rauhreifansatz eine Stärke bis zu 35 cm Durchmesser erreicht, was einer zusätzlichen Belastung von 4÷7 kg auf den laufenden Meter der Leitung entspricht.

Zahlentafel 6. Mittlerer Jahreswert der Tage mit Rauhreif in verschiedener Höhe über dem Meere.

	Potsdam	Gr. Wintersberg (Sächs. Schweiz)	Inselberg (Thüringen)	Brocken (Harz)	Fichtelberg (Erzgebirge)	Schneekoppe (Riesengebirge)
Höhe in m über dem Meere	80	553	914	1142	1213	1605
Rauhreiftage . . .	7	68	88	137	140	146

Ein weiteres Zahlenbeispiel über die zusätzliche Belastung von Leitungen durch Schneebehang geben uns die Mitteilungen von SCHMEDDING[22]; es handelt sich hier um einen starken Schneefall in weichen Flocken mit hohem Feuchtigkeitsgehalt und Neigung zum Anfrieren, der im Dezember 1916 im Ortsleitungsnetz zu Freiburg i. Br. große Verheerungen anrichtete. Von dem normalen 1,5-mm-Drahte wurde der Behang durch Schmelzen bestimmt und ergab eine Wassermenge, die mehr als das 20fache des Eigengewichtes des Drahtes betrug.

Die Abhängigkeit der zusätzlichen Belastung vom Leitungsdurchmesser wurde bereits erwähnt; weniger beachtet bisher dagegen die Beeinflussung der Eislast durch das Material der Leitung. Diese bereits in einer Veröffentlichung von W. WITTECK[23] angedeutete Tatsache ist in neueren Beobachtungen[24] bestätigt worden. Vom rein physikalischen Standpunkt aus ist diese Erscheinung durchaus verständlich, wenn man das Wärmegleichgewicht der Leitung gegenüber der umgebenden Luft als einen Strahlungsvorgang auffaßt, der unter sonst gleichen Bedingungen in der Hauptsache durch die Wärmekapazität des Drahtes (also vornehmlich durch das spezifische Gewicht des verwendeten Materials) bestimmt wird. Dies bestätigt sich nicht allein durch die Erfahrung, daß die Schnee- und Eisbelastung von Aluminiumleitungen stets größer (um ungefähr 10%) ist als bei gleichen Leitungen aus Kupfer, sondern auch durch die Beobachtung, daß bei einem Witterungsumschlag zu kaltem Wetter die Rauhreifbildung zuerst an Aluminiumleitern auftritt, viel später aber die Leitungen aus Eisen und Kupfer betrifft.

Daß unter diesen Umständen die Freileitungen mitunter sehr starken äußeren Beanspruchungen durch die atmosphärischen Verhältnisse unterliegen, steht außer Zweifel. Hiervon haben bereits eingangs zwei eindrucksvolle Beispiele Kunde gegeben. Selbstverständlich ist aber die Anzahl und auch die Größe dieser durch äußere Umstände verursachten Störungen ganz wesentlich bestimmt durch die Gegenden, über die die Freileitungen gespannt sind. War bereits vorher auf einen gewissen Zusammenhang über die Rauhreifbildung mit der Höhenlage eines Gebietes hingewiesen worden, so gibt es auch in der Ebene ausgesprochene Gegenden, die besonders stark zur Bildung von Rauhreif neigen, wie beispielsweise ausgedehntes, feuchtes Wiesengelände. In derart gefährdeten Gebieten wählt der Betriebstechniker denselben Weg, der auch in schwer zugänglichen (Gebirgs-)Gegenden zwar mit etwas erhöhten Anlagekosten sich als gangbar erwiesen hat[25]; er geht zu einer stärkeren Bemessung der Leitungen, Isolatoren und Maste über und verringert dabei gleichzeitig die Spannweite der Leitung; unter Umständen kann auch durch Verzicht auf gute Leitfähigkeitswerte die Anwendung eines Leitungsmaterials mit größerer mechanischer Festigkeit zum Ziele führen.

Auf die Störungen der Freileitung durch einseitige Eisbelastung war bereits hingewiesen worden. Diese machen sich aber weiterhin noch als zusätzliche Kräfte für die Trägerkonstruktion recht unangenehm geltend, es sind Beispiele bekannt[26], in denen zwar die Leitungsdrähte selbst durch reichliche Berücksichtigung der zusätzlichen Eisbelastung ohne weiteres standgehalten haben, die Traversen und Maste aber durch einseitige Überlastung zu Bruch gegangen sind. Als Mittel, die Leitungsmaste gegen derartige Rauhreifschäden zu schützen, werden in neuerer Zeit die sog. Rutsch- oder Auslöseklemmen in größerem Umfange verwendet. Diese sind so konstruiert, daß sie bei einer gewissen Schrägstellung der Isolatorenkette infolge einseitiger Überlastung das Seil freigeben, so daß es durchrutschen kann und dadurch die mechanische Überlastung der Querträger nach einer Richtung hin vermieden wird. Als anderes Hilfsmittel zur Entspannung der Phasenleitungen bei Eislast hat man Dehnungsfedern eingebaut, die sich nach dem Überschreiten einer bestimmten Zugkraft ausdehnen und dann auch bei fortschreitender Vereisung der Leitung zur Entlastung der Stützpunkte beitragen. Eine ganz neuartige Lösung ist dieser Frage durch eine Änderung gegeben worden, über die E. ILTGEN[27] Einzelheiten angibt. Hier sind die Querträger nicht starr mit dem Maste verbunden, sondern durch schwenkbare Traversen ersetzt, die bei einseitigem Zug nach einer Richtung nachgeben können; gleichzeitig werden dann in dieser Anordnung auch Auslöseklemmen verwendet, die bei einem aufgetretenen Bruch einer Phasenleitung den noch unversehrten Stromkreis gegen eine mechanische Überlastung schützen und in diesem Kreise einen weiteren Bruch verhindern sollen.

Ist eine Freileitung nun der Vereisung anheimgefallen, so bereitet sie in betriebstechnischer Hinsicht mancherlei Schwierigkeiten, deren Beseitigung nicht immer leicht fällt. H. SENER[28] führt für den Schutz von Fahrleitungen gegen Vereisung verschiedene Hilfsmittel an. Die Beseitigung des Eisbehanges durch Abkratzen oder gekerbte Abnehmerrollen ist wegen der starken Abnutzung des Fahrdrahtes wenig wirtschaftlich. Eine künstliche Erwärmung des Fahrdrahtes durch besondere Heizwiderstände, die längs der Leitung fortgeführt werden, hemmt die Fahrgeschwindigkeit und erfordert dabei hohe Stromkosten. Dagegen hat sich für Gleichstrombahnen mit großer Verkehrsdichte die Anwendung von Schmieröl und Vaseline bei trockenem Wetter gut bewährt; bei Regenwetter und Nebel muß aber das Einfetten des Drahtes, das das Anhaften der Eisschicht verhindert, öfter vorgenommen werden. Einen weiteren Schutz bietet die unmittelbare Erwärmung der Leitung durch Strombelastung, wobei nur die unvermeidlichen Verbindungsklemmen (infolge der an diesem Punkte vergrößerten Metallmasse) ein größeres Haftvermögen des Eisbehanges aufweisen. Für Windgeschwindigkeiten bis zu 2,2 m/s wird eine Temperaturerhöhung des Drahtes von 15° C für ausreichend erachtet, die nach den diesbezüglichen Versuchen durch 150÷250 A erreicht wird; für größere Windgeschwindigkeiten erhöht sich dieser Wert aber wegen der stärkeren Wärmeableitung um 100 bis 150%.

Mit diesem Verfahren ist zugleich auch der Weg bezeichnet, den man bei Gefahr einer Vereisung von Freileitungen, besonders in Amerika, vielfach in Anwendung bringt. Nicht selten sind hier die Freileitungen in Seehöhen bis über 700 m verlegt und gerade auf den Gebirgskämmen, die häufig diese Höhe noch überschreiten, ganz besonders den Witterungseinflüssen ausgesetzt. Hier hat man mit verhältnismäßig gutem Erfolge die künstliche Beheizung der Leitung durchgeführt und erreicht dies in der Weise, daß man nach dem Abschalten der Leitung die zu beheizenden Teile an dem einen Ende kurzschließt und durch eine besondere Maschine, die ausschließlich diesem Zwecke dient und dementsprechend erregt ist, mit einer Stromstärke von 250÷300 A speist. Innerhalb weniger Stunden sind dann die Leitungen von jeglichem Eisbehange befreit. Der Stromaufwand kann wesentlich niedriger gehalten werden, wenn man nicht erst nach eingetretener Vereisung damit beginnt, sondern bereits bei Gefahr der Vereisung vorbeugend beheizt. Daher sind dort manche Gesellschaften dazu übergegangen, in besonders gefährdeten Gebieten einen ständigen Wetterdienst einzurichten, der die Benachrichtigung zur Beheizung weitergibt, sobald sich Anzeichen für eine eintretende Vereisung bemerkbar machen.

Das gleiche Verfahren hat man auch bei dem Rundfunksender Lathi in Finnland zur Anwendung gebracht; hier wurde, um die T-Antenne vor Rauhreif und Vereisung zu schützen, eine besondere Heizvorrichtung vorgesehen, die mit Drehstrom betrieben wird. So mußte beispielsweise der Züricher Rundfunksender am 7. Januar 1929 den Betrieb auf einige Zeit einstellen, da der Luftleiter völlig vereist war und keinerlei Einrichtungen zur künstlichen Heizung der Antenne dort vorhanden sind.

Der Einfluß des Windes auf den Betrieb der Freileitungen ist nicht durchweg als nachteilig aufzufassen, wenn auch die bisherige Behandlung nur in diesem Sinne geschehen ist. Sicher ist, daß der Wind als solcher eine zusätzliche Zugbeanspruchung der Leitung und damit auch der Mastkonstruktion bedingt, die noch verstärkt wird, sobald gleichzeitig eine Vereisung der Leitung vorliegt. Im allgemeinen gilt auch als feststehend, daß die Rauhreifbildung durch den Wind unterstützt wird, da hierdurch ständig neue Feuchtigkeit dem Seile zugeführt wird. Für die Freileitungen selbst ist es aber dabei von großer Wichtigkeit, welchen Winkel die Windrichtung mit der Erstreckung der Leitung bildet. Ein Wind quer zur Leitungsstreckung bringt ungleich stärkere Behänge hervor als ein Wind, der mit der Leitung gleichgerichtet ist.

Aber auch von der positiven Seite ist die Einwirkung des Windes aufzufassen, wie bereits angedeutet wurde; denn die Stärke des Windes kann bei Schneefall das Anhaften eines Behanges an dünnen, blanken Leitungen zum Teil völlig unterbinden, zum Teil aber auf ein gewisses Maß beschränken. Ferner wirkt die Windgeschwindigkeit auf die Ableitung der Stromwärme ganz beträchtlich ein. Eine ergebnisreiche Untersuchung hat zu dieser Frage J. WOOD[29] geliefert, aus der hier einige Ergebnisse zugleich als weitere Stütze für die Ausführungen dieses Abschnittes angeführt seien. Die Abb. 3 zeigt zunächst die Wärmeabstrahlung von Stahl-Aluminiumseilen verschiedenen Querschnittes in Abhängigkeit von der Übertemperatur. Diese Wärmeabgabe an die umgebende Luft steigt mit abnehmendem Querschnitt; gleichzeitig ist auch zu erkennen, daß die Wärmeabstrahlung eines blanken Drahtes unter Voraussetzung der gleichen Übertemperatur kleiner ist als die einer geschwärzten Oberfläche; leider unterbindet das Fehlen gleicher Querschnitte in dieser Untersuchung die Aufstellung zahlenmäßiger Beziehungen hierüber.

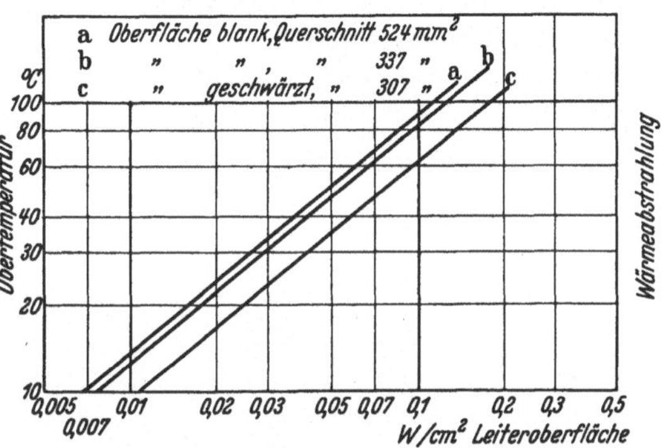

Abb. 3. Wärmeabstrahlung von Stahl-Aluminiumseilen verschiedenen Querschnittes in Abhängigkeit von der Übertemperatur (nach J. WOOD).

Die mit der Windgeschwindigkeit ansteigende Wärmeabstrahlung eines Leiterseiles gibt die Abb. 4 wieder. Das Exponentialgesetz erscheint hier mit dem Exponenten 0,8 und führt nach der Umrechnung den Beiwert 0,00125. Aus diesen beiden Werten, für die der Verfasser einen zahlenmäßigen Zusammenhang gibt, setzt sich die Gesamtableitung der Wärme zusammen. Stellt er dem-

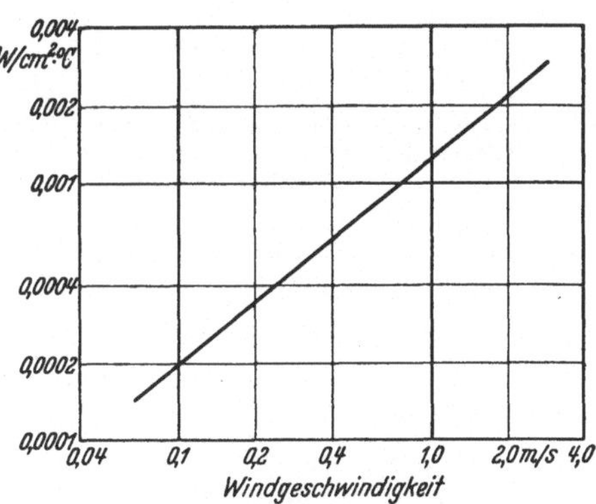

Abb. 4. Wärmeabstrahlung eines Leiterseils von 1 cm² Leiteroberfläche für 1° C Temperaturzunahme in Abhängigkeit von der Windgeschwindigkeit (nach J. WOOD).

gegenüber die durch den Stromdurchgang erzeugte Wärme für die Flächeneinheit auf, so kann man, wie die Abb. 5 zeigt, durch ein graphisches Verfahren die Übertemperatur eines stromdurchflossenen Leitungsseiles für verschiedene Windgeschwindigkeiten recht elegant bestimmen.

Daß unter diesen Umständen schon frühzeitig das Bestreben dahin ging, die Fernübertragung gegen solche äußeren Störungen sicherzustellen, die zuweilen ganze Leitungszüge tagelang dem Ver-

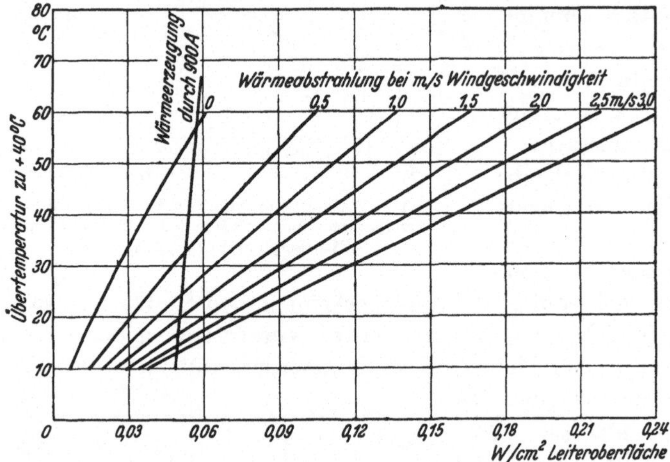

Abb. 5. Graphische Bestimmung der Endtemperatur eines stromdurchflossenen Leitungsseiles von 524 mm² Querschnitt und 900 A Strom bei verschiedenen Windgeschwindigkeiten (nach J. Wood).

kehr entzogen, liegt auf der Hand. Für den Fernsprechverkehr ist die Reichspostverwaltung schon verhältnismäßig lange dazu übergegangen, die Leitungen recht dichter Ortnetze in den größeren Städten durch Kabel zu ersetzen. Eine weitere Ausgestaltung dieser Maßnahme für den Fernverkehr stieß dann aber lange Zeit wegen der ungünstigen Dämpfungsverhältnisse auf große Schwierigkeiten, die erst durch die in der technischen Ausführung ganz verschiedenen Verfahren von Pupin und Krarup behoben wurden und nun zu weiteren Erfolgen führten. — Auch auf dem Gebiete der Hochspannungsfreileitungen spielen derartige Überlegungen eine große Rolle, die aber gegenwärtig noch gänzlich vom rein wirtschaftlichen Standpunkte behandelt werden. Denn die Ausführung als Kabel erfordert zunächst erheblich höhere Anlagekosten, denen andererseits eine größere Betriebssicherheit und auch geringere Unterhaltungskosten gegenüberstehen. Dazu kommt noch, daß die Entwicklung der letzten Jahre so weit fortgeschritten ist, daß Dreileiterkabel bereits bis zu 100 kV in Betrieb sind, während man Einleiterkabel schon bis zu einer Betriebsspannung von 130 kV ausgeführt hat. Besonders die Verwendung der sog. metallisierten Hochspannungskabel hat die Entwicklung der letzten Jahre in dieser Hinsicht besonders gefördert.

Über die Verwendung des Aluminiums im Freileitungsbau findet man Unterlagen in dem Hilfsbuch für Aluminium-Freileitungen, das besonders auch den gegenwärtig in Deutschland geltenden Bestimmungen, auf die wir weiter unten noch eingehend zurückkommen werden, Rechnung trägt[30]. Von den Betriebserfahrungen, die von der Bayerischen Kraftwerke A.-G. innerhalb von 15 Jahren über die Verwendung des Aluminiums gesammelt wurden, berichtet eine Arbeit von T. Müller[31]; hierbei bezieht sich die Anwendung dieses Werkstoffs nicht allein auf Freileitungen, sondern auch auf Maschinen, Schaltanlagen und Kabel. — In Freiluftschaltanlagen wurde Aluminium, soweit bekannt geworden, besonders in den Vereinigten Staaten und für einige Anlagen in Frankreich in Anwendung gebracht, ohne daß grundlegende Bedenken gegen die Verwendung des Werkstoffes aufgetreten sind[32].

b) Die Verluste der Freileitungen.

Spricht man von dem Verlust der Freileitungen, so denkt man dabei im allgemeinen nicht so sehr an den durch den Spannungsabfall der Leitung bedingten, unvermeidlichen Verbrauch, sondern vielmehr an die durch Strahlung an die umgebende Luft abgegebene Energie. Dieser nicht unbeträchtliche Verlust, der für die Wirtschaftlichkeit einer Anlage eine wesentliche Rolle spielt und daher bei dem Entwurf von Freileitungen mit in Rechnung gesetzt werden muß, ist aber in erheblichem Maße, wie wir sehen werden, von den herrschenden atmosphärischen Verhältnissen abhängig. Zunächst seien die wesentlichsten Zusammenhänge für die Koronaverluste in kurzen Sätzen zusammengefaßt.

1. Die Koronaverluste wachsen bei gleichem Leiterabstand mit der Erhöhung der Betriebsspannung.

2. Die Koronaverluste wachsen unter gleichen Verhältnissen mit der Zunahme der Lufttemperatur.

3. Die Koronaverluste wachsen unter gleichen Betriebsverhältnissen mit der Erhöhung der Frequenz der Betriebsspannung.

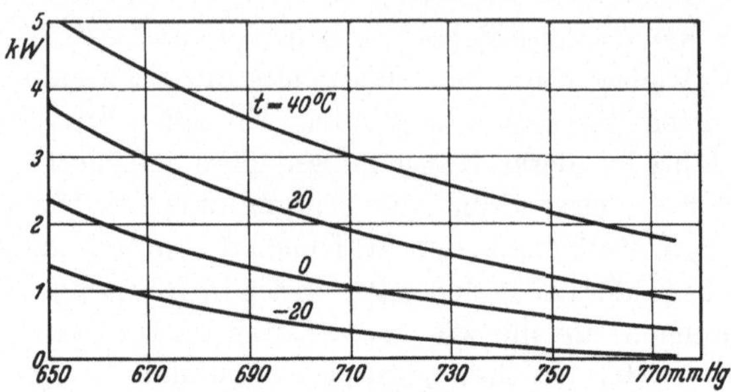

Abb. 6. Koronaverluste einer Freileitung bei verschiedener Lufttemperatur in Abhängigkeit vom Luftdruck (nach F. Hoppe).

4. Die Koronaverluste nehmen ab bei gleicher Betriebsspannung mit der Vergrößerung des gegenseitigen Leiterabstandes.

5. Die Koronaverluste nehmen ab bei gleicher Betriebsspannung mit der Zunahme des Außendurchmessers des Leiters.

6. Die Koronaverluste nehmen ab unter gleichen Betriebsverhältnissen mit der Zunahme des Luftdruckes.

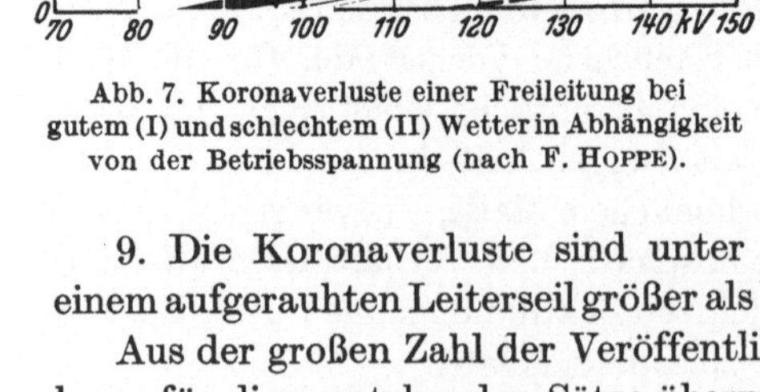

7. Die Koronaverluste sind unter gleichen Verhältnissen bei Drehstrom größer als bei Einphasenstrom.

8. Die Koronaverluste sind unter gleichen Verhältnissen bei feuchter Witterung größer als bei trockener Witterung.

Abb. 7. Koronaverluste einer Freileitung bei gutem (I) und schlechtem (II) Wetter in Abhängigkeit von der Betriebsspannung (nach F. Hoppe).

9. Die Koronaverluste sind unter gleichen Verhältnissen bei einem aufgerauhten Leiterseil größer als bei einer glatten Oberfläche.

Aus der großen Zahl der Veröffentlichungen, die nähere Unterlagen für die vorstehenden Sätze übermitteln, werden unten einige bemerkenswerte Arbeiten aufgeführt[33]. Die vorstehende Abb. 6, die einer Arbeit von F. HOPPE[34] entlehnt ist, gibt die Koronaverluste für verschiedene Temperaturen und Luftdrucke wieder. Die diesbezüglichen Untersuchungen geschahen mit 50periodigem Drehstrom bei 110 kV; der Leitungsquerschnitt betrug 50 mm² bei einem Abstand von 200 cm der Leiter voneinander. Der gleichen Quelle entstammt auch die Abb. 7, der ein Leitungsquerschnitt von 70 mm² bei 270 cm Leiterabstand zugrunde liegt; die äußere Bedingung war eine Lufttemperatur von 40° C bei 740 mm Hg. Der sog. Einfluß der Stromart und der Witterung auf die Größe der Verluste kommt in dieser Darstellung deutlich zum Ausdruck.

Nach F. PEEK[35] lassen sich die zu erwartenden Koronaverluste mit einer gewissen Annäherung formelmäßig bestimmen, und zwar

$$N_1 = 34{,}4 \cdot \frac{f \cdot T}{3{,}92 \cdot b} \cdot [E - E_0]^2 \cdot \sqrt{\frac{\varrho}{A}} \cdot 10^{-5}\ \mathrm{kV/km}$$

für Drehstromleitungen und durch

$$N_2 = 86 \cdot \frac{f \cdot T}{3{,}92 \cdot b} \cdot [E - E_0]^2 \cdot \sqrt{\frac{\varrho}{A}} \cdot 10^{-5}\ \mathrm{kV/km}$$

für Einphasenleitungen. Hierin bezeichnet f die Frequenz, T die absolute Temperatur, b den Barometerstand, ϱ den Halbmesser des Leiters in Zentimeter und A den gegenseitigen Abstand in Zentimeter. E bedeutet die effektive Spannung der Leitung gegen Erde in Kilovolt, während E_0 die sog. kritische Spannung darstellt, die sich folgendermaßen ermitteln läßt:

$$E_0 = k_1 \cdot k_2 \cdot m_0 \cdot 48{,}7 \cdot \frac{3{,}92 \cdot b}{T} \cdot \varrho \cdot \log \frac{A}{\varrho} \cdot 10^{-3}\ \mathrm{kV}.$$

Hierin ist für den Beiwert k_1 bei Drehstrom 1,73, bei Einphasenstrom aber 2,0 einzusetzen. k_2 dient zur Berücksichtigung der Witterung und ist bei gutem Wetter gleich 1,0, bei schechtem aber 0,8. Durch m_0 soll der Zustand der Leiteroberfläche Berücksichtigung finden; dieser Beiwert beträgt für blanke Drähte 1,0, für oxydierte aber 0,98÷0,93 und für Seile 0,87÷0,83.

In der rechten Würdigung der Bedeutung dieser Verluste für den Betrieb der Hochspannungsfreileitungen ist man natürlich versucht, die Koronaverluste nach Möglichkeit klein zu halten. Die praktischen Bestrebungen in dieser Hinsicht knüpfen an den Befund der obigen Sätze 4 und 5 an. Leider scheitert die nach Satz 4 erforderliche Vergrößerung des gegenseitigen Leiterabstandes an dem Kostenaufwand, den die Berücksichtigung dieser Erkenntnis mit sich bringen würde. Um so mehr hat man sich in der weiteren Verfolgung des Zieles an den Satz 5 geklammert und in zäher Arbeit schon bemerkenswerte Erfolge erzielt.

Man stützt sich hierbei auf die Erkenntnis, daß die Energieausstrahlung um so größere Beträge annimmt, je kleiner der Durchmesser des betreffenden Leitungsdrahtes ist. Ein treffendes Gegenstück, das den wesensgleichen Vorgang aus einem anderen Gebiete der Physik zeigt, mag hier eingeschaltet werden. Aus den Beobachtungen der Natur wissen wir, daß die Wärmeabstrahlung dünner Zweige sehr viel schneller vor sich geht als diejenige stärkerer Äste und daß daher auch der Rauhreifansatz beispielsweise an dünneren Zweigen zeitlich sehr viel früher einsetzt. (Man vergleiche hierzu auch die vorhergehende Bemerkung über den Rauhreifansatz an Leitungsdrähten.)

Der weiteren Steigerung des Leitungsdurchmessers ist natürlich durch die Zunahme des Gewichtes und auch der Anlagekosten eine Schranke gesetzt. Da man aber nicht an Vollmaterial gebunden ist, sondern den erforderlichen Querschnitt in gleicher Weise auch bei einem ringförmigen Leiter einhalten und dabei den Außendurchmesser erheblich steigern kann, ist man zu der Ausbildung der sog. Hohlseile übergegangen, die die Gestaltung einer ganz neuen Seilform veranlaßt und im Laufe der kurzen Entwicklung bereits manche Änderung erfahren haben[36]. So stehen beispielsweise die Doppellagenhohlleiter mit innerer Tragkonstruktion den Einlagenhohlleitern ohne Innenkonstruktion gegenüber, für die sich besonders M. DAHL[37] einsetzt; der Ausführung als Einlagenhohlleiter wird eine höhere mechanische Festigkeit und glattere Oberfläche bei geringerem Materialaufwand zugeschrieben. Bei den Hochspannungsanlagen von 220 und 380 kV kommen gegenwärtig in Deutschland hauptsächlich Hohlseile von 25 und 42 mm Außendurchmesser zur Verwendung.

c) Die Überspannungserscheinungen durch luftelektrische Vorgänge.

Von nicht geringerer Bedeutung sind für den praktischen Betrieb die durch die luftelektrischen Vorgänge hervorgerufenen Überspannungserscheinungen an Freileitungen. Hiervon können die direkten Blitzschläge in die Leitungen, gegen deren mechanische und elektrische Energieentfaltung es gegenwärtig in dieser Hinsicht überhaupt keinen Schutz gibt, bei diesen Betrachtungen ausgeschlossen bleiben. Einige recht markante Beispiele der Auswirkung solcher Blitzschläge führen G. CAPART und A. MATTHIAS[38] an, doch lassen diese Bilder keinen einheitlichen Schluß zu. Auch andere Zusammenstellungen ähnlichen Inhaltes bestärken uns in der Auffassung, daß wir uns hier noch einem ausgedehnten Neulande gegenübersehen, auf dem noch reiche Forschungsarbeit zu leisten ist, bevor wir von den Ergebnissen nachhaltigen Gebrauch machen können. Denn nicht immer liegen die Verhältnisse so günstig wie in dem Falle, den M. TOEPLER[39] und seine Mitarbeiter näher verfolgen und die nach der Auswirkung auf magnetisierte Basaltstücke einen gewissen Rückschluß auf die Größe des Stromflusses ziehen konnten. Vielfach treten auch bei den direkten Einschlägen Nebenerscheinungen auf, die an den Zerstörungen nicht minder teilhaben und häufig die Feststellung von Ursache und Wirkung hindern.

Für manchen Fachmann wird auch die aus praktischen Erfahrungen hervorgegangene Zusammenstellung von W. PREUSS[40] über Gewitterschäden nicht ohne Bedeutung sein. Die Frage der Verwendung von Aluminium für die Ableitungen der Blitzableiter wird erneut von B. WALTER[41] aufgenommen.

Stellen wir daher die Folgeerscheinungen der direkten Blitzschläge zurück gegenüber den Vorgängen, die ihren Einfluß auf die Spannungsverhältnisse der Freileitungen geltend machen. Dazu müssen wir uns zunächst eine Vorstellung bilden von der Stellung des Leitungsnetzes im Erdfelde. Über das Erdfeld selbst ist bereits im 1. Kapitel das Wesentlichste ausgeführt worden; in diesem Felde befindet sich nun die Freileitung und übt auf die Feldverteilung in der Nähe der ganzen Anlage einen bestimmenden Einfluß aus, nicht allein durch die Höhe der Betriebsspannung, sondern vor allem auch durch die Ausführung der ganzen Linienführung, je nachdem, ob es sich um eine völlig von der Erde isolierte Anlage handelt oder ob ein geerdeter Nulleiter vorhanden ist; in gleicher Weise wirkt auch ein geerdetes Blitzschutzseil, das meist oberhalb der Leitungen angebracht wird. Nähere Unterlagen findet man über die besonderen Verhältnisse, deren eingehende Behandlung hier zu weit führen würde, in den Werken von H. ZIPP[42], J. BIERMANNS[43] und A. ROTH[44]. Dazu kommt ferner, daß das Leitungsnetz als ganzes eine gewisse Kapazität gegen die Erde besitzt; denn man muß es als einen Kondensator auffassen, dessen Belege einerseits die Leitung selbst, andererseits aber die Erde ist, während die Luft als Dielektrikum wirkt. (Daher die weitere Abhängigkeit der Kapazität von den herrschenden atmosphärischen Bedingungen, der Feuchtigkeit und Temperatur, dem Luftdruck und Wind!) Durch diese Kapazität[45] wird unter normalen Verhältnissen ein gewisser Energiebetrag der Spannung gebunden, der aber wieder frei wird und zur Auswirkung kommt, sobald eine Änderung der Feldverteilung eintritt, sei es durch (innere) Belastungsschwankungen oder Schaltvorgänge, sei es durch Änderungen des (äußeren) Erdfeldes. Je kürzer die Zeit, in der diese Änderungen vor sich gehen, desto stärker die Rückwirkung auf die Spannungsverhältnisse der Freileitung. Während nun bei den Anlagen mit geringer Betriebsspannung bis ungefähr 20 kV der Einfluß der Kapazität nur eine untergeordnete Rolle spielt und erst durch den Übergang zu den gegenwärtig sehr gesteigerten Betriebsspannungen größere Beachtung erfordert, wirken sich die Änderungen des Erdfeldes gerade auf die Freileitungen mit geringeren Betriebsspannungen recht merklich aus.

Die erwähnten äußeren Einflüsse können besonders durch zwei Ursachen hervorgerufen werden: durch die an kondensierte Feuchtigkeitsteilchen gebundenen Ladungen und durch eine in sehr kurzer Zeit erfolgende Änderung der Feldverteilung. Von beiden Erscheinungen ist die erstgenannte die für die Freileitungen ungefährlichste Form, da sich die Vorgänge verhältnismäßig langsam abspielen. Wohl können durch die Eigenladungen der Niederschläge, wie Regen, Schnee und Hagel, und vor allem durch tiefziehende Kumuluswolken bedeutende Spannungserhöhungen auf den Freileitungen erzeugt werden, die aber bei gutem Isolationszustande der ganzen Anlage ungefährlich sind und über Ableitungsapparate mit hohem Widerstande sicher abgeleitet werden können; für Verteilungsnetze mit geerdetem Nullpunkt scheiden diese Einflüsse überhaupt aus.

Viel bedeutsamer sind in ihren Auswirkungen diejenigen Überspannungen, die durch plötzliche Feldänderungen in der Nähe der Freileitung auf dieser ausgelöst werden; vornehmlich sind Blitzschläge, die in der Nachbarschaft des Netzes erfolgen, der Anlaß hierzu. Denn durch eine derartige elektrische Entladung findet eine völlige Umlagerung des erdelektrischen Feldes statt, die Potentiallinien schieben sich in der Nähe der Blitzbahn sehr eng zusammen, es bricht gewissermaßen das ganze Feld, mit dem sich die betriebsmäßige Ladung der Leitung dem Verlaufe des Erdfeldes angepaßt hatte, plötzlich zusammen und gibt dadurch an dieser Stelle des Netzes die vorher gebundene Ladung frei. Hiermit entsteht in diesem Bereich der Anlage eine beträchtliche Erhöhung der Spannung, die sog. Überspannung, die ein Vielfaches der normalen Betriebsspannung erreichen kann. Sobald der Blitz die Erde erreicht hat, stellt sich in kurzer Zeit die ursprüngliche Feldverteilung, sofern das Netz durch die Folgen der Überspannung keinen Schaden genommen hat, wieder ein. Über die Größe derartiger Überspannungen ist durch erfolgreiche Arbeiten der letzten Jahre unsere Kenntnis in bemerkenswerter Weise erweitert worden, und zwar durch zwei Verfahren, die auf ganz verschiedener wissenschaftlicher Grundlage beruhen: durch die von amerikanischer Seite ausgeführten Messungen mit Hilfe des Klydonographen[46] und andererseits durch den von W. Rogowski[47] und seinen Mitarbeitern für diese Zwecke weiter ausgebildeten Kathodenstrahloszillographen. Mit Sicherheit hat man bei einer 220 kV-Leitung bereits Überspannungen aufzeichnen können, die ungefähr den 10fachen Betrag der normalen Betriebsspannung erreichen.

In ihrer Auswirkung sind die auf diese beiden Arten erzeugten Überspannungen recht verschieden. Während bei den durch die Niederschläge und Wolken hervorgerufenen Überspannungen in der Hauptsache große Spannungsunterschiede zwischen der Leitung und Erde oder auch der einzelnen Leiter gegeneinander entstehen, d. h. also die äußere Isolation der Anlage vornehmlich beansprucht wird, kann man die zuletzt beschriebenen, weit gefährlicheren und durch plötzliche Feldänderungen ausgelösten Überspannungen am besten dadurch kennzeichnen, daß zwei benachbarte Punkte derselben Leitung große Spannungsunterschiede aufweisen. Diese Überspannung wird nun zur Ursache einer Wanderwelle, die sich von ihrem Entstehungsorte nach beiden Seiten hin auf der Leitung mit der halben Höhe der erzeugten Spannung in Bewegung setzt. Mit verhältnismäßig flacher Front eilt diese Wanderwelle über die Leitung hin, wird von den an dem Leitungsende angeschlossenen Transformatoren oder Apparaten reflektiert, um nach mehrmaliger Wiederholung des Weges unter ständigem Energieverlust schließlich abzuklingen. Noch schwieriger gestalten sich die Verhältnisse, wenn die äußere Isolation nicht der in einer solchen Wanderwelle aufgespeicherten Energie standhält und einen Überschlag zur Erde zuläßt. Dann entstehen die sog. Sprungwellen, die ähnlich wie die Wanderwellen aber mit sehr steiler Front über die Leitung dahinlaufen und für die Isolation der am Ende der Leitung befindlichen Gerätschaften ganz besonders gefährlich sind. Gerade die an den Enden einer Leitung befindlichen Durchführungen und Transformatoren sind durch den Reflektionsvorgang besonders gefährdet, und hier hat man in der Tat auch eine Häufung der Durchschläge feststellen können. Durch eine Verstärkung der Isolierung an den Eingangswindungen sucht man hiergegen einen gewissen Schutz zu erreichen.

Es hieße aber den Umfang dieser kurzen Zusammenstellung, die ja nur ein gedrängtes Bild von den durch atmosphärische Vorgänge entstandenen Überspannungserscheinungen geben soll, bedeutend übersteigen, wollte man auf die noch recht auseinandergehenden Anschauungen über die Schutzwirkung der verschiedenen Maßnahmen und Vorschläge zur Bekämpfung der Überspannungen hier näher eingehen. Daher sind neben den bereits erwähnten Veröffentlichungen noch weitere bemerkenswerte Arbeiten über diese Fragen in der Fußnote [48] aufgeführt worden.

2. Die Ausnutzung der Windkraft zur Erzeugung elektrischer Energie.

Das seit langem erstrebte Ziel, die kinetische Energie des Windes in elektrische Energie zu überführen und der Wirtschaft nutzbar zu machen, hat im Laufe der letzten Jahre bemerkenswerte Fortschritte gezeitigt, wenngleich es noch nicht völlig gelungen ist, die restlos befriedigende Lösung zu finden. Immerhin aber ist die ganze Fragestellung dieser Aufgabe so markant, daß sie unbedingt Platz finden muß an einer Stelle, die einer Schilderung der zwangläufigen Verknüpfung von Meteorologie und Elektrotechnik gewidmet ist.

Die bei der Ausnutzung der Windenergie zu überwindenden Schwierigkeiten sind recht mannigfach und beruhen auf der Art und Weise, wie diese Energiequelle zur Verfügung steht. Daher kann es nicht besonders auffallen, daß für die Beurteilung der Ausnutzung der Windenergie durch eine Windkraftanlage etwas andere

Grundsätze in den Vordergrund rücken, als sie bei der rein meteorologischen Beschreibung des Windes als Erscheinungsform gebräuchlich sind.

Zusammenfassend lassen sich aus der statistischen Bearbeitung der Windmessungen folgende Ergebnisse feststellen. Im Flachlande nimmt die mittlere Windgeschwindigkeit vom Meere und von den meeresnahen Küstenstrichen nach dem Binnenlande zu ab; hier läßt sich während der Tagesstunden ein Anstieg der Windgeschwindigkeit, die dann in der Nacht merklich abflaut, beobachten, eine Erscheinung, die man normalerweise auf hoher See nicht kennt, aber schon von den Beobachtungsstationen an der Küste bestätigt wird. In gebirgigen Landschaften ist dagegen die Stärke und Richtung der mittleren Windgeschwindigkeit wesentlich bestimmt durch die vorherrschende Erstreckung der Gebirgszüge. Mit zunehmender Entfernung von der Erdoberfläche findet zunächst eine recht starke, dann immer geringere Zunahme der Windgeschwindigkeit statt, wie aus der Abb. 8 zu ersehen ist[49]. Zugleich verliert sich damit auch der Einfluß der Erdoberfläche, durch den die Luftströmungen bodennaher Schichten in mehr oder weniger starke Wirbelbewegungen aufgelöst werden. — Über die Verteilung der Windgeschwindigkeit auf die verschiedenen Gegenden Deutschlands sehe man die umfangreiche Arbeit von R. ASSMANN[50] ein.

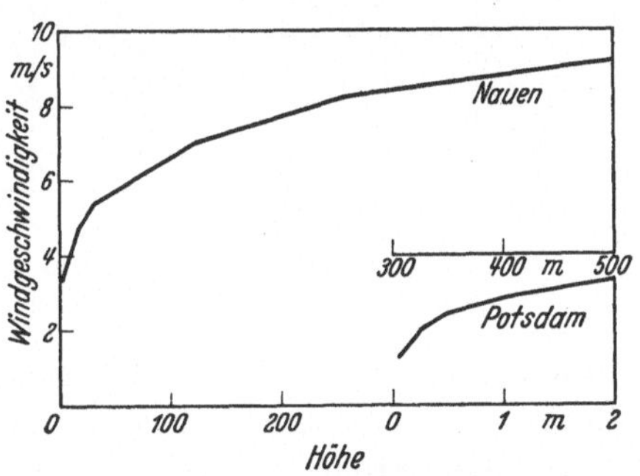

Abb. 8. Zunahme der Windgeschwindigkeit mit der Erhebung über dem Erdboden (nach G. HELLMANN).

Aus Messungen wissen wir, daß der Wind nicht dauernd mit der gleichen Geschwindigkeit weht, sondern, ganz abgesehen von der täglichen Periode der Windgeschwindigkeit, einen mehr oder weniger stark ausgeprägten böigen Charakter trägt; ein Beispiel für die recht kurzfristigen Änderungen der Windgeschwindigkeit an einem Orte gibt die nebenstehende Abb. 9, die die Aufzeichnungen eines Anemometers über die Zeitdauer von nur 2 Minuten wiedergibt; die Messung erfolgte zu Perpignan am 8. Februar 1889 vormittags $8^h\,28^m$ bis $8^h\,30^m$.

Hier liegt auch der Grund, daß aus den Angaben fast aller Anemometer lediglich der Wert einer mittleren Windgeschwindigkeit über einen bestimmten Zeitraum abgeleitet werden kann. Für die technische Ausnutzung der Windkraft bereitet aber diese in der Zeit so schwankende Geschwindigkeit eine nicht geringe Schwierigkeit, auf die wir etwas später noch näher eingehen müssen. Die sog. mittlere Windgeschwindigkeit spielt jedoch bei den vorliegenden Fragen nur eine recht untergeordnete Rolle und kommt eigentlich nur für die Ausbildung der Schaufelform zur Geltung, bei der

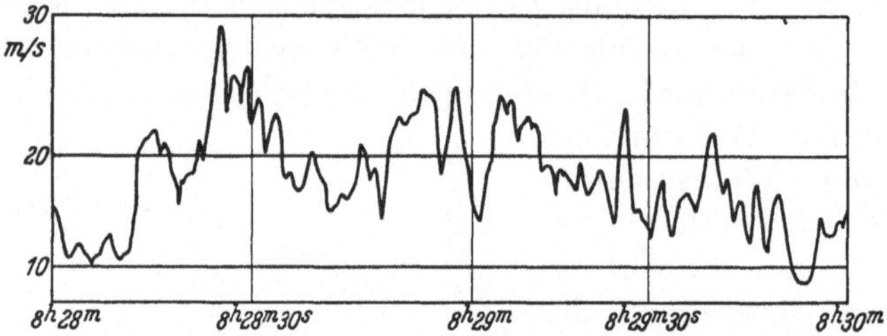

Abb. 9. Schwankungen der Windgeschwindigkeit innerhalb zweier Minuten zu Perpignon am 8. II. 1889 (nach J. v. HANN).

die Ergebnisse der wissenschaftlichen Strömungsforschung wie auch die Erfahrungen des Luftschiff- und Flugzeugbaues weitgehend ausgenutzt werden.

Aus den Schwankungen der Windstärke an einem Orte über die Dauer eines Tages läßt sich eine Wellenform des Verlaufes ableiten, der zuweilen noch eine zweite Welle kleinerer Amplitude überlagert ist. Deshalb liegt auch für den längeren Teil des Tages die Windstärke eines Ortes unterhalb des mittleren Tageswertes. Man geht daher bei dem Entwurf einer Windkraftanlage auch nie von der mittleren Windstärke des Tages aus, sondern bemißt die Anlage für ein ganzes Bereich, das gegenwärtig die Windgeschwindigkeiten zwischen 2 und 8 m/s umfaßt. Eine Windgeschwindigkeit von 2 m/s ist daher die Geschwindigkeit, bei der die betreffende Anlage bereits Leistung abzugeben vermag. Deshalb ist es für den Entwurf derartiger Anlagen wissenswert, diejenige Anzahl der Tagesstunden zu kennen, bei denen diese Geschwindigkeit, die man gewissermaßen als die Anlaufwindstärke bezeichnen kann, erreicht wird. Aber nicht nur auf die Tagesstunden bezieht sich die Feststellung dieser Mindestgeschwindigkeit für den Entwurf; ebenso wichtig ist auch noch für Gegenden, die im allgemeinen nicht mit so lebhaften Luftbewegungen ausgezeichnet sind, die Aufstellung der Anzahl zusammenhängender Tage, an denen eine bestimmte Windgeschwindigkeit, also z.B. die erwähnte Anlaufgeschwindigkeit, nicht erreicht wird. Eine solche Betrachtung führt dann schließlich zur Ausscheidung bestimmter Gegenden, in denen derartige Windkraftanlagen von vornherein als aussichtslos angesehen werden müssen. Hierher gehören beispielsweise sicher die zu beiden Seiten des Äquators sich erstreckenden Kalmenzonen. Glücklicherweise haben aber diese Zonen keine allzu große Ausdehnung, so daß die Teile der festen Erdoberfläche, bei denen Windkraftanlagen aus Windmangel keine Wirtschaftlichkeit mehr besitzen können, doch nur verhältnismäßig geringe Flächen umfassen. Im allgemeinen liegt es so, daß meeresnahe, ausgedehnte Flachländer vom Winde begünstigt sind, so daß in dieser Hinsicht die gelegentliche Äußerung zu Recht besteht, daß Gegenden, denen von Natur aus keine größere Wasserenergie zur Verfügung steht, einen gewissen Ausgleich erhalten haben durch ausnutzbare Windkraft, deren Erschließung gegenwärtig im Ausbau begriffen ist. Einige bemerkenswerte Veröffentlichungen über diese Fragen sind in dem Verzeichnis des Schrifttums unter 50a angeführt worden.

In kurzen Zügen wollen wir nunmehr den Aufbau und die Arbeitsweise derartiger Windkraftanlagen zur Erzeugung elektrischer Energie darlegen und dabei die allgemeinen Grundsätze hervorheben, die für solche Anlagen von Bedeutung sind.

Infolge der dauernden Schwankungen der Windgeschwindigkeit ist es von vornherein gegeben, daß die erzeugte elektrische Energie nicht zu jeder Zeit den gleichen Wert besitzt, sondern ständigen Änderungen unterworfen ist, so daß die direkte Ausnutzung der Windkraft bei allen Einrichtungen, für deren Arbeiten eine Spannung gleichmäßiger Höhe erforderlich ist, zu erheblichen Mißständen führen würde. Man denke hierbei nur an die Versorgung einer elektrischen Beleuchtungsanlage. Man ist daher gezwungen, auf irgendeine Weise einen Ausgleich in dieser Hinsicht zu schaffen. Gegen die in kurzen Zeiträumen vor sich gehenden Schwankungen der Windgeschwindigkeit kann durch geeignete Einrichtungen am Windmotor selbst (meist auf mechanischem Wege) ein gewisser Ausgleich geschaffen werden. Nach den eingangs gemachten Angaben müssen aber die Windmotoren für ein verhältnismäßig großes

Bereich bemessen sein, in dem die Windgeschwindigkeit um ein Mehrfaches ansteigen kann; hier reichen die mechanischen Regelungsvorrichtungen nicht mehr aus. Man hat daher schon seit Beginn der Entwicklung den Weg beschritten, die erzeugte Energie erst auf dem Umwege über die Aufladung einer Akkumulatorenbatterie den Verbrauchseinrichtungen zuzuführen. Der Grundgedanke dieser Energiegewinnung ist also darin zu erblicken, daß durch eine gewisse Aufspeicherung der gewonnenen Energie diese dem Gebrauch zugeführt wird und ein Überschuß an erzeugter Energie in Zeiten größerer Windgeschwindigkeiten noch für Zeiten geringerer Luftbewegungen zur Verfügung steht. In einer dem vorliegenden Bedarf angepaßten Stromentnahme beruht geradezu die wirtschaftliche Ausnutzung einer Windkraftanlage, die auf Grund eines aufgestellten Arbeitsplanes z. B. in landwirtschaftlichen Betrieben noch wesentlich gefördert werden kann.

Bei den Windkraftanlagen zur Umsetzung der Windenergie in elektrische Energie läßt man entweder, soweit es sich um Anlagen geringerer Leistung handelt, die Achse des Windmotors direkt auf die erzeugende Maschine wirken oder bei Anlagen größerer Leistung mit Hilfe besonderer Getriebe auf die am Erdboden aufgestellte Dynamomaschine übertragen. Je nach der gewählten Kraftübertragung und der Größe des Windmotors wird sich natürlich die zu überwindende Reibung richten, so daß von vornherein ein bestimmter Anteil der zur Verfügung stehenden Windgeschwindigkeit als sog. Anlaufwindstärke in Rechnung gesetzt werden muß, deren Größe sich bei den gegenwärtig üblichen Anlagen auf Windgeschwindigkeiten von ungefähr 1,5 bis 2 m/s beläuft.

Zur Verminderung der zeitlichen Schwankungen des Windes dient meist ein besonderer Fliehkraftregler. Weit wichtiger ist jedoch der Schutz einer solchen Anlage gegen zu hohe Windstärken; denn es ist praktisch unmöglich, die ganze Anlage so zu bemessen, daß sie allen vorkommenden Windgeschwindigkeiten standhalten kann. Daher beschränkt man sich hinsichtlich des ausnutzbaren Bereiches, dessen obere Grenze, wie bereits eingangs erwähnt, gegenwärtig meist bei einer Windgeschwindigkeit von 8 m/s angenommen wird und für die man die erforderlichen Schutzvorrichtungen ausführt. Das ursprünglich übliche Herausdrehen des ganzen Windrades aus der Richtung des Windes bei zu hohem Winddruck findet man jetzt nur noch bei älteren Ausführungen. Man ist in dieser Hinsicht gegenwärtig zu einem weit sicheren Verfahren übergegangen, durch das beim Überschreiten der angenommenen Höchstgeschwindigkeit, d. h. also bei Steigerung des Winddruckes über einen zulässigen Betrag, die wirksame Fläche des Windrades selbsttätig verkleinert wird. Man erreicht dies in der Weise, daß durch Federkraft zunächst die Flügel des Windrades dem Winde entgegengehalten werden; übersteigt jedoch die Windgeschwindigkeit den Höchstwert von 8 m/s, so überwiegt der Winddruck die Federkraft und es werden die Flügel aus ihrer ursprünglichen Stellung je nach der herrschenden Windstärke mehr oder weniger herausgedrückt. Etwas anders arbeitet eine von L. RIEFSTAHL[51] erwähnte Anordnung, bei der die Federkraft durch ein im Unterbau des Windmotors befindliches Gegengewicht ersetzt worden ist und bei zunehmendem Winddruck die Flügel des Windmotors unter Anheben des Gegengewichtes aus dem Wind gedreht werden.

Die ständige Einstellung des Windmotors bei Richtungsänderungen des Windes besorgt in allen Fällen eine Windfahne, auf die man bei denjenigen Ausführungen verzichten kann, deren Flügel in bezug auf den Drehpunkt des ganzen Windmotors mit dem Winde laufen.

Wir kommen nun ganz kurz noch auf die Überführung der Windkraft in elektrische Energie, die im Rahmen dieser Darstellung nur untergeordnete Bedeutung besitzt und aus den einschlägigen, unten angegebenen Veröffentlichungen in ihren Einzelheiten zur Genüge entnommen werden kann.

Als erzeugende Maschine hat man bis vor kurzem fast ausschließlich selbsterregte gegenkompoundierte Gleichstrommaschinen benutzt; „gegenkompoundiert“ deswegen, weil der erzeugte Hauptstrom noch einmal durch eine Anzahl Windungen über die Magnetpole geleitet wird und dadurch dem Nebenschlußerregerstrom entgegenwirkt. Deshalb steigt die Leistung nicht mehr so stark an, wenn die Drehzahl des Windmotors die festgesetzte obere Grenze überschreitet, so daß eine Überlastung des elektrischen Teiles der Anlage auf diese Weise vermieden wird. Es ist hierbei aber noch eine selbsttätige Zusammenschaltung von Maschine und Batterie erforderlich, durch die dann Strom an die Akkumulatorenbatterie abgegeben wird. Wesentlich günstiger wird von K. BI-

LAU[52] die CHARLETsche Schaltung beurteilt, da diese ein Parallelarbeiten der Dynamo mit der Batterie ermöglicht und manche Schwierigkeiten der erstgenannten Schaltung beseitigt.

Bei Verwendung eines Windmotors im Gebirge ist für die Beurteilung der geforderten Leistung noch die Höhenlage des Ortes über dem Meeresspiegel zu berücksichtigen. Infolge der schon mehrfach erwähnten Abnahme der Luftdichte mit der Höhe, der der Winddruck proportional ist, nimmt bei gleicher Windgeschwindigkeit die Leistung eines Windmotors mit der Höhenlage des Betriebsortes ab.

Gegenwärtig sind Bestrebungen im Gange, die Arbeitsweise dieser Windmotoren aus der Ungleichmäßigkeit der bodennahen Luftströmungen herauszuheben durch höhere Bauwerke, um gleichzeitig damit auch die größere Windgeschwindigkeit nutzbar zu machen. Zu diesem Zwecke wird in der Nähe von Berlin nach derartigen Gesichtspunkten ein solches Windkraftwerk erbaut; vier Flügel mit einer Spannweite von 60 m auf einem 60 m hohen Mast geben die äußere Gestaltung. Von dem Erfolg dieser Versuchsausführung wird die weitere Entwicklung dieser Pläne abhängen.

3. Der Einfluß der Höhenlage eines Ortes.

Solange sich die Errichtung größerer Elektrizitätswerke und der Verbrauch der erzeugten elektrischen Energie zum überwiegenden Teile nur auf geringe Erhebungen über dem Meeresspiegel erstreckten — es sind hierbei, wie wir bald sehen werden, Höhenlagen bis ungefähr 1000 m Meereshöhe verstanden —, war es noch nicht unbedingt erforderlich, den geänderten Betriebsverhältnissen Rechnung zu tragen. Diese Fragen mußten aber an Bedeutung gewinnen, sobald die fortschreitende Entwicklung der elektrischen Energiewirtschaft sich auch auf höhergelegene Orte gebirgiger Gegenden oder geschlossener Hochländer ausdehnte; deshalb stehen wir in dieser Beziehung eigentlich einem erst seit ungefähr drei Jahrzehnten beachteten Neulande gegenüber, über das zwar die an den Bauten und Zulieferungen beteiligten Firmen praktische Erfahrungen gesammelt haben und bei der Ausführung neuer Aufträge erfolgreich weiterverwerten, dessen allgemeine Züge aber dem großen Kreise der Elektrotechniker noch ferner liegen, zumal in den Veröffentlichungen diese Verhältnisse nur recht selten zur Sprache kommen.

Zwei meteorologische Elemente sind es, die in erster Linie bestimmend auf die vorliegenden Verhältnisse einwirken, die Temperatur und der Luftdruck. Beide nehmen bekanntlich mit der Höhenlage eines Ortes über dem Meeresspiegel ab. Von dieser Erkenntnis machen wir Gebrauch, wenn wir der Auswirkung dieser Tatsache im einzelnen nachgehen wollen.

Für die Dichte der Luft kommen die genannten Faktoren beide in Betracht; diese ist proportional dem herrschenden Druck und umgekehrt proportional der absoluten Temperatur. Sie sinkt also mit abnehmendem Luftdruck und mit steigender Temperatur. Praktische Bedeutung gewinnt diese Tatsache durch die Abhängigkeit der Überschlagspannung der Luft von der herrschenden Luftdichte. Ist $U_ü$ die Überschlagspannung in Meereshöhe bei 20° C und einem Druck von 760 mm Hg und ist $U'_ü$ die Überschlagspannung an einem höhergelegenen Orte mit dem Luftdruck b und der Temperatur t, so besteht die Beziehung

$$U'_ü = U_ü \cdot \frac{b}{760} \cdot \frac{293}{273+t}\,.$$

In diese Formel können wir die Höhenlage eines Ortes über dem Meeresspiegel (h in m) direkt einführen durch entsprechende Umwandlung, die ergibt

$$\frac{B}{b} = 10^{\frac{18\,400\left[1+\alpha\frac{T+t}{2}\right]}{h}}$$

oder nach weiterer Umwandlung

$$\frac{b}{760} = 10^{-\frac{h}{\Theta}}\,;$$

dann erhält man

$$U'_ü = U_ü \cdot \frac{293}{273+t} \cdot 10^{-\frac{h}{\Theta}}\,.$$

Unter Vernachlässigung der Temperatur kann man, wie es A. Kleinstück [53] durchgeführt hat, die Abnahme der Überschlagspannung mit der Höhenlage durch eine Kurve wiedergeben, die aus der umstehenden Abb. 10 ersichtlich ist. Die genauen Zahlenwerte für die Berücksichtigung der Temperatur am Beobachtungsorte findet man in der Zahlentafel 7.

Der Einfluß der Höhenlage ist überwiegend und kann daher nur zum Teil durch die unter normalen Verhältnissen mit der Erhebung abnehmende Temperatur, die dem Einfluß der Luftdruckverminderung entgegenwirkt, ausgeglichen werden. Der Einfluß des Feuchtigkeitsgehaltes der Luft kann gegen das Einwirken von Luftdruck und Temperatur vernachlässigt werden, zumal die Luftfeuchtigkeit mit der Höhe recht stark abnimmt und nach den vorliegenden Untersuchungen eine wesentliche Änderung der Überschlagspannung durch eine Änderung der relativen Feuchtigkeit nicht festgestellt werden konnte.

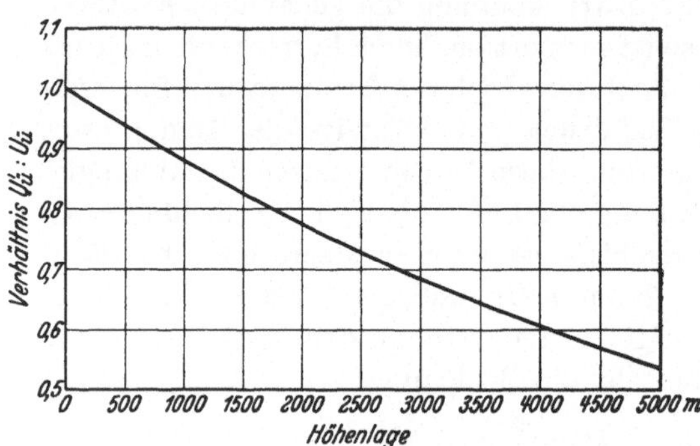

Abb. 10. Abnahme der Überschlagspannung mit zunehmender Höhenlage (nach A. KLEINSTÜCK).

Ein anderer wichtiger Gesichtspunkt ist das Verhalten der Wärmeleitfähigkeit der Luft in größeren Höhen. Nach physikalischen Gesetzen ist die Leitfähigkeit der Luft innerhalb der Grenzwerte, die bei den vorliegenden Betrachtungen der Luftdruck annehmen kann, als unabhängig vom Luftdruck anzusehen. Hierfür kommt daher nur der Einfluß der Lufttemperatur am Beobachtungsort in Frage, der durch die Beziehung bestimmt wird

$$k = k_0 \cdot \frac{273 + t}{273} ;$$

die Wärmeleitfähigkeit k ist also proportional der absoluten Temperatur und steigt mit dieser an; man hat daher mit einer Verminderung der Wärmeleitfähigkeit bei erhöhter Ortslage zu rechnen, wodurch ungünstigere Abkühlungsverhältnisse für die Maschinen und Apparate geschaffen werden.

Diesen beiden Gesichtspunkten werden wir bei der folgenden Behandlung der praktischen Betriebsverhältnisse immer wieder begegnen.

a) Die Berücksichtigung der Höhenlage für den praktischen Betrieb.

Führen wir den Gedankengang über die Erwärmungsverhältnisse nun etwas weiter aus. Es ist ja bekannt, daß in jeder elektrischen Maschine, diesen Begriff in weitestem Sinne gebraucht, ein Energieumsatz stattfindet, von dem ein gewisser Anteil aber von der Maschine selbst verbraucht und in Wärme umgesetzt wird. Diese in den meisten Fällen recht unerwünschte Verlustwärme strebt nun bei einer Dauerbelastung einem Wärmegleichgewicht zu zwischen der erzeugten Wärmemenge einerseits, die in der Hauptsache von der Belastung abhängig ist, und der inneren Wärmeaufnahme der einzelnen Maschinenteile sowie der Wärmeabgabe der ganzen Maschine an die sie umgebende Luft. Dieser Gleichgewichtszustand ergibt die Übertemperatur der Maschine unter der betreffenden Belastung bei den vorliegenden Abkühlungsverhältnissen. Eine allgemeingültige Lösung dieser Fragestellung ist bisher jedoch nicht erfolgt und dürfte auch noch in weiter Ferne liegen, da eine zu große Anzahl verschiedener Gesichtspunkte hierbei maßgebend ist. Aus der reichen Zahl einschlägiger Veröffentlichungen sei nur auf die Arbeit R. KÜCHLER[54] aus neuerer Zeit hingewiesen, der ähnliche Gedankengänge, wie sie hier nachstehend entwickelt werden, verfolgt.

An dieser Stelle interessiert jedoch nur der an die äußere Umgebung abgegebene Teil der **Verlustwärme**.

Zahlentafel 7. Korrektionsfaktor $\frac{293}{273+t}\cdot 10^{-\frac{h}{\Theta}}$ der Überschlagspannung für verschiedene Höhenlagen h und Temperaturabweichungen Δt vom Normalwert der Temperatur 20°, bezogen auf eine Luftdichte $d_{760,20^\circ} = 1$.

h in m	200	400	600	800	1000	1200	1400	1600	1800	2000	2200	2400	2600	2800	3000	3500	4000	4500	5000
$\Delta t =$ —25°	1.066	1.040	1.014	0.989	.965	.941	.917	.895	.875	.851	.830	.810	.790	.769	.751	.705	.663	.622	.585
—20°	1.047	1.021	0.996	.971	.947	.924	.901	.879	.859	.835	.815	.795	.775	.756	.737	.692	.651	.611	.574
—15°	1.028	1.002	0.978	.954	.930	.906	.885	.863	.844	.820	.800	.780	.761	.742	.724	.680	.639	.600	.564
—10°	1.010	0.985	.960	.937	.914	.891	.869	.847	.829	.806	.786	.766	.748	.729	.711	.668	.628	.589	.554
— 5°	0.992	.969	.944	.920	.898	.876	.854	.833	.814	.792	.773	.753	.735	.716	.699	.656	.617	.579	.544
$\Delta t =$ 0°	.975	.951	.928	.905	.882	.861	.839	.819	.800	.778	.759	.741	.722	.704	.687	.645	.606	.569	.535

Die Wärmeabgabe der Maschine an die Luft erfolgt sowohl durch Strahlung wie auch durch Leitung.

Einen Begriff von der durch Strahlung abgegebenen Wärmemenge W_{st} vermittelt das STEFAN-BOLTZMANNsche Strahlungsgesetz:

$$W_{st} = 5{,}7 \cdot e \cdot [T_2^4 - T_1^4] \cdot 10^{-12} \cdot W/\text{cm}^2 .$$

Hiernach ist die von der Flächeneinheit der Oberfläche abgestrahlte Wärmemenge (in Watt angegeben) proportional der Differenz der vierten Potenz der absoluten Temperaturen, wobei diejenige des wärmeabgebenden Körpers mit T_2 bezeichnet wurde, die der umgebenden Luft aber mit T_1. Der Oberflächenbeschaffenheit des Strahlers wird durch den sog. Emissionskoeffizienten e Rechnung getragen, für den man ungefähr folgende Werte annehmen kann, wenn man die Emission eines vollkommen schwarzen Körpers gleich 1 setzt. Für verschiedene Farben: tiefschwarz = 1, dunkelgrün 0,97, mattrot 0,91, mattgrau 0,81, weiß 0,76; und für einige Metalle: Kupfer 0,65, Aluminium 0,62, hochglanzpoliertes Nickel 0,07. Der Einfluß der Oberflächenbeschaffenheit ist daher, wie man aus diesen Zahlenwerten sieht, nicht zu unterschätzen; gleichzeitig weisen allein schon diese Zahlen die Schwierigkeiten dar, die einer rechnerischen Erfassung dieser Verhältnisse entgegenstehen und Abweichungen um mehrere Prozente verständlich machen. Aber nicht nur die Größe der Oberfläche der betreffenden Maschine spielt für die Wärmeabstrahlung eine Rolle, sondern auch die ganze Formgebung ist bei genaueren Messungen von Bedeutung, läßt sich jedoch bisher zahlenmäßig noch nicht in die Formel einführen. Dagegen beeinflußt der Luftdruck den durch die Strahlung abgeführten Anteil der Wärme nicht.

Für die Wärmeableitung liegen die Verhältnisse noch verwickelter; hier kommt es schon darauf an, welche Aufstellung die betreffende Maschine gefunden hat, ob sie im Freien der direkten Sonnenstrahlung ausgesetzt ist oder in Schattenlage ihre Zweckerfüllung findet oder gar im überdachten Raume montiert ist. Zur Beurteilung wenigstens der Größenordnung der durch Leitung abgeführten Wärme W_l bedienen wir uns des RICEschen Gesetzes, das allerdings unter Zugrundelegung wohldefinierter Versuchsbedingungen aufgestellt ist.

$$W_l = 2 \cdot [T_2 - T_1]^{1{,}25} \cdot b^{0{,}5} \cdot 10^{-4}\ W/\text{cm}^2.$$

Die vorher erwähnten Einschränkungen machen es verständlich, daß die Exponenten dieser Beziehung bei den verschiedenen Bearbeitern nicht unbeträchtlichen Schwankungen unterliegen. Jedenfalls entnehmen wir dieser Formel das Ergebnis, daß die durch Leitung abgeführte Wärmemenge stärker anwächst, als der Temperaturdifferenz zwischen dem erwärmten Körper und der umgebenden Luft entspricht, und ungefähr der Quadratwurzel des herrschenden Luftdruckes b proportional ist. Daher sinkt die durch Leitung abgegebene Wärmemenge mit der Höhenlage des Betriebsortes, ganz abgesehen noch von der anfangs erwähnten verminderten Wärmeleitfähigkeit der Luft infolge der bei erhöhter Ortslage vorliegenden Temperatursenkung.

Im praktischen Betriebe setzt sich nun die gesamte an die Außenluft abgegebene Wärmemenge aus diesen beiden Summanden zusammen, wobei der Anteil jedes einzelnen je nach den vorliegenden Verhältnissen sich ändern kann.

Die vorstehenden Überlegungen gelten zunächst nur unter der Voraussetzung, daß sich die betreffende Maschine in ruhender Luft, also beispielsweise in einem geschlossenen Raume, befindet. Ist sie dagegen einer natürlichen oder künstlichen Luftströmung ausgesetzt, so werden die Abkühlungsverhältnisse wesentlich günstiger, da durch den Luftstrom stets neue, noch nicht erwärmte Luft der abzukühlenden Oberfläche zugeführt wird; in dieser Hinsicht kann daher die in größeren Höhen zunehmende Windgeschwindigkeit für die Abführung der Verlustwärme wieder förderlich sein.

Fragen wir uns nun, in welcher Weise sich die bei erhöhter Ortslage geminderte Wärmeabgabe auf die Betriebsverhältnisse auswirkt. Die maßgebende Verlustwärme steht in einer bestimmten Abhängigkeit zu der Belastung der Maschine; dieser Tatsache trägt man Rechnung durch die vorgeschriebenen Abnahmebedingungen, die allerdings meist auf den Herstellungsort des Erzeugnisses zugeschnitten sind und nicht, wie es nach den bisherigen Darlegungen eigentlich zu fordern wäre, auf den Aufstellungsort der Maschine. Läßt man daher in größerer Höhe über dem Meeresspiegel keine Änderung hinsichtlich der Belastung der Maschine eintreten, so muß bei gleicher Verlustwärme die geringere Wärmeabführung notwendigerweise eine Erhöhung der Eigentemperatur der Maschine zur Folge haben. Für diese Temperaturerhöhung ist aber nach den vorstehenden Ausführungen die Wärmeableitung der ausschlaggebende Teil. Einen Begriff hiervon erhält man durch die Auflösung der RICEschen Formel nach der Übertemperatur unter Zusammenfassung der konstanten Glieder in den Beiwert f

$$T_2 - T_1 = f \cdot W_l^{0,8} \cdot b^{-0,4}.$$

Die eintretende Übertemperatur ist also proportional der 0,8.Potenz der abzuführenden Verlustwärme und umgekehrt proportional der 0,4.Potenz des herrschenden Luftdruckes.

Diese zusätzliche innere Erwärmung der Maschine kann aber für verschiedene der verwendeten Baustoffe schon verhängnisvoll werden, besonders wenn die Maschine bereits unter normalen Verhältnissen bis dicht an die Grenze ihrer Belastbarkeit beansprucht wird. Vor allem werden die für die Isolierung benutzten Stoffe durch stärkere Erwärmung in Mitleidenschaft gezogen. Aber auch die Wirkungsweise mancher Apparate, die auf der Einhaltung einer bestimmten Übertemperatur beruhen, wie z. B. Thermorelais usw., kann hierdurch beeinträchtigt werden. Soll daher bei der Verwendung einer Maschine in erhöhter Ortslage eine bestimmte Grenztemperatur nicht überschritten werden, so müssen entsprechende Maßnahmen in dieser Richtung getroffen werden. Die erste liegt auf der Hand und wird durch eine Herabsetzung der Belastung erreicht; dies ist aber gleichbedeutend mit einer Verminderung der Nennleistung der Maschine. Ein anderer Weg ergibt sich durch eine Verbesserung der Abkühlungsverhältnisse, die durch eine entsprechende Vergrößerung der abkühlenden Oberfläche erzielt wird, sei es durch die Verwendung größer bemessener Gehäuse oder durch den Anbau besonderer Kühlflächen und -rippen.

Außer diesen Änderungen in den Erwärmungs- resp. Abkühlungsverhältnissen kommt dann vor allem noch die Abnahme der Luftdichte bei erhöhter Ortslage in Betracht. Auch hierfür seien einige Beispiele angeführt. Auf die schon früher erwähnte Zunahme der Koronaverluste der Freileitungen bei geringerer Luftdichte sei nur noch einmal kurz hingewiesen. Ebenso unterliegt auch die Bemessung der Freileitungsisolatoren dem Einflusse der Luftdichte; denn die Überschlagspannung sinkt ebenfalls mit der Verminderung der Luftdichte, so daß dadurch der Sicherheitsgrad der Anlage herabgesetzt wird. Da ferner die Fördermenge von Ventilatoren ebenfalls von der Luftdichte anhängig ist, so muß man auch bei der künstlichen Kühlung, mit der manche Anlagen arbeiten, auf die Abnahme der Luftdichte bei erhöhter Ortslage über dem Meeresspiegel Rücksicht nehmen.

Es gibt somit eine ganze Anzahl von Fragen des praktischen Betriebes, bei denen der Höhenlage des Betriebsortes Rechnung getragen werden muß.

b) Die Berücksichtigung der Höhenlage bei dem Entwurf neuer Anlagen.

Selbstverständlich gelten die geschilderten Verhältnisse nicht nur für den praktischen Betrieb bei erhöhter Ortslage; sie müssen vielmehr schon von dem projektierenden Ingenieur bei dem Entwurf neuer Anlagen, die an höhergelegenen Orten ihre Bestimmung erfüllen sollen, in weitgehendem Maße berücksichtigt werden. Wenn es nun auch nach dem gegenwärtigen Stande unserer Erkenntnis noch nicht in vollem Umfange möglich ist, durch zahlenmäßige Beziehungen den Einfluß der Erhebung über dem Meeresspiegel bei allen Arbeitsvorgängen elektrischer Maschinen und Apparate zu erfassen, so muß doch das Bestreben dahin gehen, nach bestem Vermögen den geänderten Betriebsverhältnissen von vornherein Rechnung zu tragen.

Eine Veröffentlichung, die sich als eine der ersten Arbeiten dieser Art sehr eingehend mit der Berücksichtigung der Höhenlage bei der Projektierung neuer Anlagen befaßt, ist ein Aufsatz von K. Lubowsky[55]. Umfangreiche Erfahrungen stehen dem Verfasser zur Verfügung, der in offener und vorbildlicher Weise ohne Rücksicht auf das Verhalten anderer Firmen und Lieferanten die unter den erwähnten Bedingungen herrschenden Verhältnisse verfolgt und auseinandersetzt. Von den in dieser Arbeit behandelten Apparaten und Maschinen kommen für die vorliegenden Ausführungen nur die Angaben über elektrische Maschinen, für Transformatoren, Hochspannungsapparate und Hochspannungsfreileitungen in Betracht, aus denen zwei Sätze gewissermaßen als Faustformeln hier angeführt seien; über weitere Einzelheiten und praktische Zahlenbeispiele sehe man die Veröffentlichung selbst ein. „Die Nennleistung eines selbstkühlenden Transformators ist über 1000 m Höhenlage für je 100 m um 0,5% zu vermindern.“ Danach kann die Überschlagspannung und die Betriebsspannung in genügender Annäherung für Höhen über 1000 m um 1% je 100 m vermindert werden, um der verminderten dielektrischen Festigkeit der Luft Rechnung zu tragen. Und weiter für Hochspannungsapparate: „Für überschlägige Rechnungen genügt es, die Betriebsspannung von Hochspannungsapparaten in Höhenlagen über 1000 m um 1% je 100 m herabzusetzen, d. h. in 2500 m Höhe um 15%, so daß für den Korrektionsfaktor c in Höhen über 1000 m die Beziehung gilt

$$c = \left[1 - \frac{h_m}{10000}\right].\text{“}$$

Dieser Bezug auf Höhenlagen über 1000 m findet darin seine Erklärung, daß die vom VDE aufgestellten „Regeln für die Bewertung und Prüfung von elektrischen Maschinen“ im § 23 folgende Richtlinien aufweisen: „Die folgenden Bestimmungen gelten nur unter der Annahme, daß der Aufstellungsort der Maschine nicht höher als 1000 m über dem Meere liegt. Soll eine Maschine an einem höher als 1000 m über dem Meere gelegenen Orte betrieben werden, so muß dieses besonders angegeben werden. Bei größeren Höhen ändern sich Isolationsfestigkeit und Wärmeabgabe.“ Sinngemäß gilt diese Vorschrift auch in den „Regeln für die Bewertung und Prüfung von Transformatoren“ (§ 27). Diese Bestimmungen sind naturgemäß nicht ohne jeden Kampf hingenommen worden, denn sie schließen ja ein, daß bis zu einer Höhenlage von 1000 m über dem Meere jede Maschine, die unter diese Bestimmungen fällt, diesen Anforderungen gerecht wird, d. h. daß die Nennleistung auch derjenigen Maschinen und Apparate, die nur im Flachlande bei ganz geringen Erhebungen über dem Meeresspiegel Verwendung finden sollen, diesen Bedingungen angepaßt werden müssen. Ein Verzicht auf die volle Ausnutzung der Maschine ist die notwendige Folge, die nur durch die Erhöhung des sog. Sicherheitsgrades einen gewissen Ersatz findet.

In der Hauptsache wirkt sich die durch die klimatischen Faktoren bestimmte Änderung der Betriebsverhältnisse auf die Innentemperatur der Maschine aus, und zwar in einem, wie wir gesehen haben, für die Ausnutzung der Maschine ungünstigen Sinne. Daher besteht die Möglichkeit, bei den Abnahmeprüfungen in dieser Hinsicht auf der inneren Erwärmung der Maschine zu fußen. Dieser Weg ist in der Tat bei den vorher erwähnten Vorschriften des VDE beschritten worden, indem man für die Beurteilung und Prüfung bestimmte, höchstzulässige Grenzwerte der Temperatur festgesetzt hat, die auf Grund langjähriger Erfahrungen gewählt wurden und unter keinen Umständen überschritten werden dürfen. Die Differenz zwischen dieser für die einzelnen Baustoffe festgelegten Grenztemperatur und der Umgebungstemperatur würde somit als die zulässige Erwärmung zu betrachten sein. Als Kühlmitteltemperatur darf hierbei nach den deutschen Vorschriften für Maschinen in Gegenden gemäßigten Klimas eine Temperatur von 35° C nicht überschritten werden. Da diese Bezugstemperatur aber nach den Vorschlägen der JEC auf 40° C heraufgesetzt werden sollte, sah sich vor einigen Jahren M. KLOSS[56] veranlaßt, mit allem Nachdruck die Berechtigung des genannten Wertes der deutschen Vorschriften darzulegen.

4. Die Empfangsstörungen bei drahtloser Nachrichtenübermittlung.

Auch für den Nachrichtenaustausch auf drahtlosem Wege bereiten die Witterungseinflüsse manche nicht zu unterschätzende Schwierigkeit; wenn es nun auch nicht die einzigen Störungen sind, die hierbei in Betracht kommen, so treten sie doch unter gewissen Umständen in einem Maße auf, daß die Aufrechterhaltung eines ununterbrochenen Verkehrs zum mindesten recht stark erschwert wird. Den Sitz dieser Störungen, soweit sie meteorologischen Ursprunges sind, hat man zum überwiegenden Teile in dem zwischen der Sendestation und dem Empfangsapparat liegenden Raume des uns umgebenden Luftmeeres zu suchen, gegen die alle direkt auf die Antenne ausgeübten Einflüsse ganz beträchtlich zurückstehen.

Der Rahmen dieses kurzen Überblickes schließt es natürlich aus, eine alle Erscheinungen umfassende Darstellung zu geben. So verzichten wir von vornherein auf alle diejenigen Erscheinungen, deren Ursache nach dem gegenwärtigen Stande der Erkenntnis auf elektromagnetische Wechselwirkungen und auf Strahlungsvorgänge zurückgeführt werden müssen. Ebenso kann auf die Erwähnung derjenigen Störungen verzichtet werden, die beispielsweise durch elektrische Maschinen und medizinische Apparate verursacht werden.

Wir werden in den folgenden Ausführungen unterscheiden zwischen Lautstärkeschwankungen im Empfangsapparat und den direkten Empfangsstörungen. Die ersteren betreffen die über längere Zeiten sich erstreckenden Schwankungen der Empfangslautstärke, während als Störungen sehr kurzfristige Lautstärkeschwankungen zu verstehen sind, die sich im Empfänger je nach der Art ihrer Entstehung als Knacken, Pfeifen, Zischen, Rauschen oder Brodeln bemerkbar machen.

Übergehend zu den Ausführungen über die Lautstärkeschwankungen drahtlos übermittelter Nachrichten kann zunächst noch ganz allgemein darauf hingewiesen werden, daß nach den vorliegenden Beobachtungen die erzielte Reichweite unter sonst gleichen Verhältnissen über Wasserflächen (Meeren) größer ist als auf dem Lande und daß auch hohe Gebirge und ausgedehnte Waldungen, die der Sendestation benachbart sind, ebenso wie größere Städte und steile Bergabhänge für die ausgestrahlte Energie eine erhöhte Leistungsabsorption verursachen, so daß für die Ausbreitung elektromagnetischer Wellen Abweichungen stets gleichbleibender Art schon durch die morphologische Beschaffenheit der Erdoberfläche gegeben sind.

Hinsichtlich der Lautstärkeschwankungen ließ sich aus den vorliegenden Beobachtungen ein ausgesprochener jährlicher Verlauf ableiten. Während der Monate März bis August ist eine deutliche Abnahme der empfangenden Lautstärke nicht zu verkennen, die nach den Aufnahmen verschiedener Beobachter[57] nur ungefähr $^1/_6 \div ^1/_5$ der Lautstärke während des anderen Teiles des Jahres erreicht. Ebenso ist auch eine tägliche Periode zu erkennen, deren Unterschiede um so größer ausfallen, je kürzer die Wellenlänge der ausgesandten Energie ist. Ganz allgemein ist die Lautstärke am Tage erheblich geringer als während der Nacht und kann sogar bei den längsten bisher praktisch benutzten Wellenlängen auf ungefähr 50% des Wertes der Nachtstunden herabgehen. Zurückzuführen sind diese Unterschiede im Laufe eines Tages auf die Ionisierung der Luft durch die Sonneneinstrahlung, wie besonders durch die Beobachtungen während der Sonnenfinsternisse bestätigt werden konnte. Daher wächst auch die Reichweite während der Nachtzeit, vorausgesetzt, daß über die ganze zu überbrückende Entfernung keine Einstrahlung stattfindet.

Besondere Beachtung müssen im Verlaufe des täglichen Ganges noch die Empfangsverhältnisse während des Sonnenunterganges und -aufganges finden, da sie den soeben geschilderten allgemeinen Verlauf in recht markanter Weise durchbrechen. Am Empfangsorte findet nämlich kurz nach Sonnenuntergang ein beträchtliches Absinken der Lautstärke statt, dem bald darauf ein lebhaftes Ansteigen zu einem Höchstwerte folgt, um danach zu der nächtlichen Empfangsstärke abzuklingen. Ungefähr umgekehrt verläuft der Vorgang während des Sonnenaufganges. Hier tritt zunächst eine erhebliche Steigerung der Lautstärke ebenfalls bis zu einem Höchstwerte ein, an die sich ein starkes Absinken anschließt, bei kürzeren Wellen häufig bis zum völligen Verschwinden des Empfanges, und langsamer Anstieg zu der Lautstärke des Tages. Der Eintritt dieser Erscheinungen richtet sich natürlich ganz nach der Jahreszeit; die Größe dieser Lautstärkeschwankungen steht in einem gewissen Zusammenhange mit den herrschenden atmosphärischen Verhältnissen und wird beispielsweise durch starke Bewölkung ganz beträchtlich abgeschwächt.

Außer den bisher erwähnten Schwankungen der Empfangslautstärke treten auch noch solche auf, die durch Vorgänge an der Sendeantenne hervorgerufen werden. Bekannt sind die periodischen Schwankungen der Antennenkapazität im Laufe eines Tages mit zwei Höchstwerten im Winter und, etwas stärker ausgeprägt, mit drei Höchstwerten während des Sommers. Weiterhin tritt eine Abschwächung der auszusendenden Energie ein durch Eis- und Reifbehang der Antenne, wodurch der Antennenwiderstand erhöht wird.

Wir verlassen nunmehr das Gebiet der Lautstärkeschwankungen und gehen zu den kurzfristigen Empfangsstörungen über, die sich durch ihre Anzahl und Stärke kennzeichnen lassen. Auch bei diesen hat man über den Verlauf des Jahres einen deutlich ausgeprägten Gang sowohl hinsichtlich der Anzahl wie auch der Lautstärke der Störungen feststellen können mit Höchstwerten während des Sommers und geringeren Werten in den Wintermonaten (nach J. Wolf [58]). Im täglichen Gange liegen die größten Störungen nach den Ergebnissen von L. Austin [59] um 4^h morgens, 1^h mittags, 7^h abends und 11^h nachts; sie sind um so schärfer ausgeprägt, je größer die benutzte Wellenlänge ist, im Sommer größer als in den Wintermonaten. Auch bei diesen Störungen macht sich der vorher erwähnte Einfluß des Sonnenunterganges und -aufganges bemerkbar, wenn es auch auf Grund der vorliegenden Beobachtungen bisher nur gelungen ist, eine Abnahme der Störungen während des Sonnenunterganges einwandfrei nachzuweisen, die mit der bereits bekannten Abnahme der Empfangslautstärke zu dieser Zeit ungefähr gleichzeitig verläuft.

Ein Einfluß der Bewölkung ist in bezug auf die Störungen nicht zu verkennen. Eine geschlossene Wolkendecke schwächt die Störungen sowohl ihrer Zahl wie auch der Stärke nach bedeutend ab, während klares Wetter durch auffallend starke Störungen gekennzeichnet ist. Sobald aber die Wolkenbildung zu Niederschlag übergeht, ist wiederum mit stärkeren Störungen zu rechnen, ebenso wie Niederschläge in fester Form auf den Empfang recht störend einwirken. Bekannt sind ferner alle diejenigen Störungen, die durch elektrische Entladungserscheinungen der Atmosphäre in mehr oder weniger großer Entfernung von der Empfangsantenne hervorgerufen werden und sich durch ein scharf ausgeprägtes Rascheln und Knacken bemerkbar machen. Für den Empfangsort besteht ein gewisser Zusammenhang zwischen diesen durch elektrische Entladungen verursachten Störungen und der statistisch festgestellten Gewitterhäufigkeit.

Mit der allgemeinen Witterungslage sind die Störungen insofern verbunden, als den Gebieten verhältnismäßig schneller Änderungen der atmosphärischen Verhältnisse, wie sie beispielsweise in den Grenzgebieten zwischen warmen und kalten Luftmassen so häufig vorkommen, auch recht starke Störungen des Empfanges auftreten. Daher ist der Empfang unter der Einwirkung eines Tiefdruckwirbels viel stärkeren Störungen ausgesetzt als in den mehr stationären Hochdruckgebieten. Die Aufnahme kürzerer Wellen wird unter diesen Verhältnissen stärker beeinflußt als der Empfang längerer Wellen.

III. Der Einfluß meteorologischer Elemente auf das Verhalten der Werkstoffe.

1. Die Erscheinungen am Leitungsmaterial.

a) Allgemeines über Freileitungsmaterial.

Wenden wir nun unsere Blicke einem anderen wichtigen Baustoffe der Freileitungsanlagen zu, so gelten die folgenden Betrachtungen dem Leitungsmaterial selbst. Auch hier werden wir eine ganze Anzahl Gesichtspunkte finden, die eine Berücksichtigung der atmosphärischen Verhältnisse erforderlich machen, und Veränderungen der im Freileitungsbau verwendeten Materialien erwähnen müssen, deren tiefere Begründung auf die Einwirkung der umgebenden Luft führt. Dabei wollen wir die ständigen Schwankungen des Leitungswiderstandes, die bei den reinen Metallen größer ausfallen als bei den Metallegierungen, als eine notwendige Folgeerscheinung der normalen Änderungen der Lufttemperatur in Kauf nehmen und bei den allgemeinen Ausführungen über das Leitungsmaterial außer Betracht lassen. Es liegt aber nahe, diesen Betrachtungen einige allgemeine Bemerkungen, die sich auf die Anforderungen an das Leitungsmaterial beziehen, vorauszuschicken.

Von den physikalischen Eigenschaften der Baustoffe steht in diesem Zusammenhange die elektrische Leitfähigkeit an erster Stelle. Und in dieser Hinsicht nimmt das Kupfer, wenn man den Vergleich zulassen will, eine ähnliche Sonderstellung ein, wie auf dem Gebiete der Isolierstoffe das Porzellan. Eine gute Leitfähigkeit, die nur um ein Geringes den Wert des bestleitenden Materials (Silber) unterschreitet, hat dem Kupfer im Rahmen der Leitungsmaterialien seit langem eine bevorzugte Stellung verschafft. Als Mindestwert der elektrischen Leitfähigkeit ist für Elektrolytkupfer, das im Leitungsbau Verwendung finden soll, in den deutschen Normen der Wert 56,05 m/Ohm . mm^2 festgesetzt worden, bezogen auf eine Temperatur von 20° C. Demgegenüber liegt die Leitfähigkeit des Aluminiums, das einen Reinheitsgrad von wenigstens 99,5% und einen Si-Gehalt von weniger als 0,2% aufweisen muß, bei 35,0 m/Ohm . mm^2.

Großer Wert muß bei dem Freileitungsmaterial auch auf eine hohe mechanische Festigkeit gelegt werden; diese beträgt bei hartgezogenen Drähten aus Kupfer 40 kg/mm^2 (Streckgrenze 38 kg/mm^2) und für solche aus Aluminium 18 resp. 13 kg/mm^2 [60]. Diese Werte können allerdings in der Praxis nicht voll ausgenutzt werden, da die gespannten Freileitungen dauernd unter der Belastung durch ihr Eigengewicht (ganz abgesehen noch von den früher schon erwähnten zusätzlichen Beanspruchungen) stehen, und so hat man für verschiedene Materialien auf Grund von Dauerversuchen die sog. Dauerfestigkeitsgrenze [61] eingeführt, die für die Eignung und den Betrieb entscheidend ist; sie beträgt im Mittel für hartgezogene Kupferdrähte 34, für Reinaluminiumdrähte 12 kg/mm^2. Für letztere ist aber nach den geltenden Bestimmungen die zugelassene Höchstspannung auf 9 kg/mm² festgesetzt worden.

Diese Angaben beziehen sich durchweg auf hartgezogene Drähte. Es ist bekannt, daß im allgemeinen durch eine Kaltbearbeitung die mechanische Festigkeit des Materials heraufgesetzt, die elektrische Leitfähigkeit und Dehnung dagegen gemindert wird. Die Dehnung selbst spielt aber bei Freileitungsmaterial ebenfalls eine nicht geringe Rolle; denn die bleibenden Dehnungen der Freileitung, die durch die zusätzlichen Beanspruchungen hervorgerufen werden, nehmen ein um so größeres Maß an, je weicher und dehnbarer das Material ist, wie die Beobachtungen der früher für den Bau oberirdischer Telegraphenlinien verwendeten Kupferdrähte gezeigt haben[62]. Die tieferen Zusammenhänge über den Einfluß der Kaltbearbeitung auf die genannten Eigenschaften der Metalle und Legierungen sind uns aber erst durch die neueren Forschungen der Metallographie erschlossen worden. Mit Rücksicht auf die hier behandelten Fragen des Leitungsmaterials hat sich die Forschung besonders eingehend mit Kupfer und Aluminium beschäftigt, worüber von A. Schulze[63] ein zusammenfassender Bericht vorliegt. Gerade beim Aluminium ist die elektrische Leitfähigkeit in hohem Maße von der vorangegangenen thermischen und mechanischen Beanspruchung abhängig.

Unter der Einwirkung höherer Wärmegrade geht naturgemäß die Festigkeitszunahme hartgezogener Drähte wieder verloren. Dies kann auch schon durch dauernd hohe Seiltemperaturen infolge des Stromdurchganges und der Sonnenbestrahlung eintreten, wie man es bei hartgezogenen Aluminium- und Kupferdrähten tatsächlich durch Minderung der Festigkeitswerte festgestellt hat.

Einen Nachteil aber muß man bei der Verwendung des Kupfers für den Freileitungsbau in Kauf nehmen, sein hohes spezifisches Gewicht (8,9), und hier ist der Angriffspunkt, der die umfangreichere Verwendung des Aluminiums besonders bei der Ausführung der Verteilungsnetze für höhere Spannungen so stark begünstigt. Ein Aluminiumseil muß zwar, gleiche Leitfähigkeit des Seiles vorausgesetzt, einen um 61% größeren Querschnitt und um 27% größeren Durchmesser haben als ein Kupferseil, besitzt dabei aber noch ein um 47% geringeres Gewicht. Wenn daher bei der gegenwärtigen Preisgestaltung des Rohmaterials auch die Anlagekosten bei der Verwendung von Aluminium etwas größer sind, so überwiegt doch die Ersparnis hinsichtlich der Maste und des übrigen Unterbaues.

Auf die nicht minder wichtige Widerstandsfähigkeit der Freileitungsmaterialien gegen die Witterungs- und sonstigen Einflüsse

Zahlentafel 8.

Die Werkstoffe der insgesamt 25000 km Hochspannungsleitungen über 30 kV Deutschlands, nach dem Stande von Ausgang 1934.

Spannung in kV	Werkstoff	Streckenlänge in km bei einem Querschnitt von ... mm²: > 185	> 151	> 121	> 71	> 51	50 und weniger	Summe in km	Anteil %
380	Cu	643	107					750	100
220	Cu	268	401		50	309		1028	100
100 ÷ 150	Cu			18	2459	2023	377	4877	53,7
	Al			969	2387			3356	37,0
	Aldrey	47			221	52		320	3,9
	Stahl-Aluminium		284	23				307	3,4
	Bz				143	43		186	2,0
							Summe	9046	100
30 ÷ 80	Cu		4	33	797	2059	9372	12 265	86,4
	Al		74	57	977	529	100	1 737	12,3
	Aldrey				89	58		147	1,0
	Eisen				30		13	43	0,3
							Summe	14 192	100

wird weiter unten in einem besonderen Abschnitt noch zurückzukommen sein.

Für einen Überblick über die Verwendung der einzelnen Werkstoffe in Hochspannungsleitungen dient die obenstehende Zahlentafel 8, die nach dem Stande zu Ausgang des

Jahres 1934 aufgestellt ist. Die Angaben beziehen sich auf Hochspannungsleitungen von 30 kV aufwärts und umfassen eine Streckenlänge von insgesamt 25 000 km, unterteilt nach der Höhe der Betriebsspannung. Diese Zusammenstellung stellt gewissermaßen den Abschluß der langjährigen Entwicklung in Deutschland dar; denn mit Rücksicht auf den inländischen Arbeitsmarkt und die Devisenbewirtschaftung hat durch die Anordnungen der Überwachungsstelle für unedle Metalle vom 6. Juni und 15. August 1934 die Verwendung von Kupfer und Kupferlegierungen für elektrische Freileitungen eine grundlegende Beschränkung erfahren. Danach dürfen diese Werkstoffe für alle Freileitungen mit einem Querschnitt von über 6 mm² nicht mehr verwendet werden. Die zugelassenen Ausnahmen können der Arbeit von W. KOLBE [64] entnommen werden. Durch diese Anordnungen dürfte die allzu vorsichtige Zurückhaltung, die man in dieser Beziehung der Verwendung des Aluminiums und seiner Legierungen gegenüber eingenommen hat, überwunden sein und der Anteil der Leichtmetalle an den Freileitungen im Deutschen Reichsgebiet eine wesentliche Steigerung erfahren.

Bei den für Freileitungszwecke verwendeten Metallen kann es sich nun stets, schon mit Rücksicht auf die Preisgestaltung, nicht um chemisch reines Material handeln, wie auch die obige Angabe für Aluminium erkennen läßt, sondern nur um einen bestimmten technischen Reinheitsgrad. Daher muß man immer mit gewissen Zusätzen zu den reinen Metallen rechnen, mögen sie nun in geringem Anteil als unvermeidliche Verunreinigungen vorliegen oder bewußt als Zusätze in den Legierungen erscheinen. Aber schon die geringen Verunreinigungen beeinflussen die Eigenschaften des reinen Metalles erheblich; sie wirken vermindernd auf die Leitfähigkeit und Dehnung, erhöhen aber in gleicher Weise die mechanische Festigkeit. Als Beispiel möge hierfür die beigegebene Zahlentafel 9 dienen, die nach verschiedenen Bearbeitern zusammengestellt den Einfluß von Zusätzen verschiedener Elemente auf die Leitfähigkeit des Kupfers zum Ausdruck bringt. Ähnliche Betrachtungen gelten auch für Aluminium als Leitungsmaterial; hier kommt besonders Silizium als Verunreinigung in Betracht, das mit dem Aluminium Mischkristalle bildet und dadurch stark vermindernd auf die Leitfähigkeit wirkt. Je geringer der Si-Gehalt und je vollständiger die Ausscheidung des freien Si durch entsprechende

Zahlentafel 9. Einfluß von Verunreinigungen oder Legierungszusätzen auf die elektrische Leitfähigkeit von Kupfer (nach verschiedenen Bearbeitern).

Zusatz	Gewichtsanteil der Zusätze in %						
	0,05	0,1	0,2	0,3	0,4	0,5	0,6
Mn	—	52,4	46,0	41,6	37,5	34,3	31,8
Sb	—	44,0	38,3	34,0	30,3	27,1	24,6
As	50,0	42,5	34,8	27,5	24,5	21,7	19,3
Fe	—	42,3	31,0	24,3	20,1	18,0	16,6
P	45,5	38,3	29,0	22,6	18,0	14,5	11,5

Glühbehandlung, desto höher liegt die Leitfähigkeit. Kupfer und Zink darf im Leitungsmaterial aus Aluminium nicht enthalten sein.

Bewußt macht man von der verfestigenden Wirkung der Zusätze in den für den Freileitungsbau hergestellten Legierungen Gebrauch, auch hier mit einem gewissen Verzicht auf die hohen Leitfähigkeitswerte des reinen Metalles im Hinblick auf die Erhöhung der Festigkeitseigenschaften. Bleiben wir zunächst bei den Kupferlegierungen, so hat man mit den Bronzen und im besonderen mit Phosphor- und Siliziumbronzedraht sehr gute Erfahrungen gemacht[65]. Ihre gute Eignung für diese Zwecke beruht in der Hauptsache in einer großen Zähigkeit und guten Luftbeständigkeit des Materials. Näheres über diese Legierungen findet man in dem entsprechenden Normblatt[66], aus dem ein kleiner Auszug nachstehend wiedergegeben wird. Einige kurze Erläuterungen mögen das Verständnis seiner Anwendung erleichtern. Während das Hartkupfer in den dünneren Abmessungen besonders für die Herstellung von Litzen benutzt wird, die stärkeren Durchmesser (über 2 mm) aber für Fernsprech- und Schnelltelegraphenlinien in Frage kommen, liegt im Material Bz I eine Magnesiumbronze mit ungefähr 0,1% Mg vor, die Verwendung findet, wenn bei Hartkupferleitungen für große Spannweiten eine höhere Festigkeit erforderlich ist. Ergänzend mag aber bemerkt sein, daß man absichtlich die genaue Zusammensetzung der Legierungen nicht normenmäßig festgelegt hat, um der Entwicklung nicht vorzugreifen und die Bemühungen, durch andere Legierungsbestandteile oder Behandlungsarten eine gute Leitfähigkeit bei erhöhten Festigkeitseigenschaften zu erzielen, nicht zu unterbinden. So können beispielsweise die Werte der Bronze Bz II durch eine Magnesiumlegierung mit

Zahlentafel 10. Drähte für Fernmelde-Freileitungen gemäß Normblatt DIN VDE 8300 (im Auszug).

Bezeichnung		Kurzzeichen	Durchmesser mm	Zugfestigkeit σ_B in kg/mm²	Leitfähigkeit, 20° m/Ohm · mm²
Hartkupfer		Kh . .	0,16÷1,0	47÷45	55
			2,0 ÷5,0	45÷43	55
Bronze	I	Bz I	2,0 ÷5,0	52÷50	48
	II	Bz II	0,16÷1,0	85÷70	36
			2,0 ÷5,0	66÷57	36
	II weich	Bz II w	0,16÷1,0	25	36
	III	Bz III	0,16÷1,0	100÷80	18
			2,0 ÷5,0	75÷66	18
Aluminium		Al. . .	0,25÷1,0	27÷23	33
			2,0 ÷5,0	21÷16,5	33
Stahl	I	St I	3,0 ÷5,0	40	7,25
	II	St II	3,0 ÷5,0	45	7,25
		St h	2,0 ÷5,0	70÷65	7,25

0,8% Mg, aber auch durch eine Legierung mit 1% Sn und 1% Cd erreicht werden. Die dünneren Abmessungen (bis zu 1 mm) sind wiederum für Antennenlitzen vorbehalten, während die übrigen Drähte für Teilnehmeranschlüsse und kürzere Leitungen geringerer Bedeutung bestimmt sind. Das Material Bz III mit einem Zinngehalt von 2,4% oder auch in einer Legierung von 1,2% Sn, 1,2% Zn und dem Rest Kupfer gibt durch hohe mechanische Festigkeitswerte die Gewähr für besonders beanspruchte Leitungen und Antennen. Die in die Tafel aufgenommenen Stahldrähte, die nur des Zusammenhanges wegen hier aufgeführt werden, dürfen nur verzinkt zur Verwendung kommen. Das Material St I dient für Fernsprech- und Telegraphenleitungen und wird in Gegenden höherer mechanischer Beanspruchungen gegebenenfalls ersetzt durch die festeren Stahldrähte St II und St h (hartgezogen). Die in das erwähnte Normblatt aufgenommenen Aluminiumdrähte sind für die Herstellung von Antennenlitzen und (bei größerem Durchmesser von 2 mm an) Außenantennen bestimmt.

Von größerer Bedeutung nun sind die Aluminiumlegierungen selbst, deren Ausbildung dem ganzen Freileitungsbau, besonders den Anlagen für höhere Spannungen neue Wege und Ausblicke eröffnet hat. Die Bestrebungen der erzeugenden Firmen werden hierbei geleitet von dem Gedanken, alle Schwierigkeiten, die sich bei der Verwendung von Reinaluminium bei der Überbrückung größerer Spannweiten aus bekannten und zum Teil bereits erwähnten Gründen gezeigt haben, durch die Schaffung einer geeigneten Legierung zu beseitigen, die aber sonst dem Aluminium in elektrischer Hinsicht durchaus gleichwertig ist. Dem Zuge der Zeit entsprechend hat die Verfolgung dieses Gesichtspunktes naturgemäß eine Anzahl von Legierungen auf den Markt gebracht, die diesem Zwecke dienen sollen, aber ihre endgültige Brauchbarkeit noch erweisen müssen durch eine langjährige praktische Erprobung. Eine kleine Auswahl aus diesen Legierungen findet sich in der Zahlentafel 11 zusammengestellt. Die Aufstellung vermag keine

Zahlentafel 11. Aluminiumlegierungen für den Freileitungsbau.

Bezeichnung	Zusammensetzung	Zugfestigkeit σ_B in kg/mm²	Leitfähigkeit m/Ohm · mm²	Bemerkung
Aludur gewalzt	0,27% Fe 1,07 ,, Si 0,43 ,, Mg	16÷22	30÷28	geglüht
		18÷35		vergütet
Aldrey	0,5÷0,6% Si 0,4÷0,5 ,, Mg <0,3 ,, Fe	33÷35	32÷30	>98,7% Al
Almelec	1,2% Mg u. Si	35	32,3	
Montegal	? % Ca	33	31	
Telektal	<2% Si <2 ,, Li	35÷43	31,5	

Vollständigkeit zu bieten, zumal sogar für das gleichbenannte Material von verschiedenen Bearbeitern recht abweichende Zusammensetzungen angegeben werden. Für tieferes Eindringen in die Frage dieser vergütbaren Leichtmetallegierungen sei auf die in dem Schrifttum unter 67 aufgeführten Arbeiten verwiesen. Das Wesen dieser Legierungen liegt in einer Vergütung des Materials durch ein nachträgliches Anlassen bei einer bestimmten Temperatur, deren Höhe sich nach der jeweils vorliegenden Legierung richtet; und daß man auf diesem Wege hinter dem Leitfähigkeitswerte des reinen Aluminiums bis jetzt nur noch unwesentlich zurückgeblieben ist, hinsichtlich der mechanischen Festigkeit aber schon beachtenswerte Erfolge erzielt hat, wird durch die Werte der Zahlentafel 11 ersichtlich.

Eine kurze Bemerkung über das **Verhalten des Leitungsmaterials gegen die Wirkung der Strombelastung** möge diese Betrachtungen beschließen. Es war schon vorher darauf hingewiesen worden, daß die betriebsmäßig beanspruchte Freileitung eine nicht unerhebliche Übertemperatur aufweist, die einerseits durch die Sonnenbestrahlung gegeben ist, weiterhin aber in noch stärkerem Maße durch die Stromwärme selbst erzeugt wird. Mit Übertemperaturen von 60÷80° C wird man im praktischen Betriebe recht häufig rechnen müssen. Auf das unter diesen Umständen eintretende Nachlassen der hartgezogenen Drähte aus Aluminium und Kupfer an Dauerfestigkeit wurde bereits hingedeutet; dieses Bedenken entfällt jedoch bei den vergütbaren Leichtmetallegierungen, da die für das Vergüten erforderliche Temperatur höher als 150° C liegt.

Ein wichtiger Gesichtspunkt für die Beurteilung der Baustoffe für Freileitungen ist nun noch das Verhalten des Materials gegenüber starken kurzfristigen Überlastungen, wie sie beispielsweise bei Erdschlüssen usw. vorkommen. Zwei Arbeiten aus neuerer Zeit von H. Bohner[68] und H. Schmitt[69] haben unsere Kenntnis in dieser Hinsicht sehr beachtenswert gefördert. Aus letztgenannter Veröffentlichung, die mehr auf die praktische Auswertung eingestellt ist, sei folgende Zahlentafel 12 angeführt, die einen Einblick in die für die Versuche benutzten Materialien und einige bemerkens-

Zahlentafel 12. **Eigenschaften verschiedener Leitungsmaterialien und ihre Entfestigungstemperatur bei kurzfristigen Überlastungen.**

Material	Zerreißfestigkeit, mittel kg/mm²	Elektr. Leitfähigkeit, mittel 20°, m/Ohm · mm²	Temperaturkoeffizient der elektr. Leitfähigkeit, 20° C $\alpha \cdot 10^3/1°$ C	Wärmeausdehnung, linear $\beta \cdot 10^6$; 0÷400° C	Spezifische Wärme g-cal/Grad · g; 0÷400° C	Entfestigungstemperatur
Kupfer . .	42,5	56,8	4,2	16	0,096	220÷240°
Bronze . . .	76,0	38,2	3,8	19	0,096	190÷200°
Aluminium .	22,3	35,0	4,0	24	0,23	160÷180°
Aludur . . .	35,0	27,9	3,6	28	0,23	170÷180°
Aldrey . . .	34,5	30,9	3,6	26	0,23	180÷200°

werte Eigenschaften gewährt. Je kürzer die Zeit des Kurzschlusses ist, desto mehr wird der Entfestigungsvorgang, der durch Rekristallisationsvorgänge im Baustoffe erfolgt, verzögert werden; daher bietet derjenige Leitungsstoff von den obengenannten dem Kurzschlußstrom gegenüber die größte Sicherheit, der im allgemeinen die größte Wärmemenge aufnehmen kann bei geringster Entfestigung. Nach den Ergebnissen der erwähnten Arbeit ordnen sich die Materialien hinsichtlich ihrer mechanischen Festigkeit bei Kurzschlüssen in folgender Reihenfolge an: Bronze, die vergütbaren Leichtmetallegierungen, Kupfer und schließlich das Aluminium, so daß Bronzedrähte bei auftretenden Kurzschlüssen als das günstigste Leitungsmaterial anzusehen sind.

b) Freileitungsmaterial unter dem Einflusse atmosphärischer Luft.

War in den vorhergehenden Ausführungen zunächst nur von der Einwirkung äußerer Einflüsse auf das Leitungsmaterial die Rede, so wenden sich nunmehr die Betrachtungen denjenigen Veränderungen der Baustoffe zu, die mit rein chemischen Vorgängen recht stark verknüpft sind. Dabei hat man zu unterscheiden zwischen dem gleichmäßigen Angriff der gesamten Metalloberfläche, der durch die in der Luft enthaltenen Fremdgase und durch den Wasserdampfgehalt hervorgerufen wird, und den rein örtlich begrenzten Korrosionserscheinungen elektro-chemischer Art. Zuvor seien jedoch noch einige allgemeine Bemerkungen über das Verhalten der reinen Metalle gegen die Einwirkung atmosphärischer Luft vorausgeschickt.

In trockener Luft behält Kupfer seinen bekannten metallischen Glanz, überzieht sich aber in wasserdampf- und kohlensäurehaltiger Luft bald mit einer dünnen grünen, später ins blaugrüne übergehenden Schicht von basischem Kupferkarbonat, die dann allerdings das darunterliegende Metall vor einem weiteren Angriffe schützt. Atmosphärische Luft, die Verdunstungsprodukte des Seewassers mit sich führt, greift das Kupfer an, besonders wenn sich Kuprochlorid und basisches Kuprichlorid gebildet hat; hierbei wird reines Kupfer stärker angegriffen als weniger reines, geglühtes fast doppelt so stark in Mitleidenschaft gezogen wie kaltgerecktes Kupfer. Arsenzusatz soll in dieser Hinsicht die Widerstandsfähigkeit nicht unbeträchtlich erhöhen.

Auch das Aluminium besitzt, trotzdem es an und für sich ein

verhältnismäßig unedles Metall ist, bei trockener Luft eine recht beachtenswerte Wetterbeständigkeit; dagegen überzieht es sich in feuchter und ammoniakhaltiger Luft mit einer farblosen Oxydschicht, die für die tieferliegenden Schichten dann einen wirksamen Schutz bildet. Infolge dieser natürlichen Oxydschicht unterliegt das Aluminium den schädigenden Einwirkungen schwefliger Säure und der Schwefelsäure, wie sie z. B. in Rauchgasen vorkommen, ganz erheblich weniger als Kupfer und Stahl; andererseits aber erschwert gerade das Auftreten dieser Oxydschicht die Herstellung einwandfreier und korrosionsbeständiger Lötverbindungen beim Aluminium beträchtlich, so daß in dieser Hinsicht die endgültige Lösung dieses Problems noch nicht gefunden ist.

Es mag noch erwähnt werden, daß man die elektrisch isolierende Oxydschicht des Aluminiums auch technisch ausnutzt beispielsweise bei den Wickelungen für Lasthebemagnete und Kranbremsspulen aus oxydisoliertem Draht; man ist hierbei schon bis zu Prüfspannungen von 3000 V gekommen.

In hartem Zustande leistet das Aluminium den chemischen Einwirkungen geringeren Widerstand als weiches Material; von salzsäurehaltiger Luft wird es stark angegriffen.

Die Witterungsbeständigkeit der vorher erwähnten Legierung Aldrey ist der des reinen Aluminiums gleichzusetzen, da in dieser Legierung die Zusätze ungefähr den gleichen Betrag ausmachen wie die unvermeidlichen Verunreinigungen des technischen Aluminiums.

Soweit verzinkter Eisendraht für Telegraphenzwecke zur Verwendung kommt, muß auf eine glatte Oberfläche gesehen werden, der Überzug selbst aber den Eisendraht in völlig zusammenhängender und festhaftender Schicht bedecken. Durch ein einfaches Tauchverfahren in einer Aga-Aga-Lösung kann man sich von der Erfüllung dieser Bedingungen überzeugen.

Gehen wir nun im weiteren Verfolg dieser Betrachtungen auf die Einwirkung irgendwelcher Beimengungen der atmosphärischen Luft auf die gespannten Freileitungen näher ein, so haben uns verschiedene beachtenswerte Arbeiten einen tiefgehenden Einblick in die obwaltenden Verhältnisse verschafft. Die Untersuchungen befassen sich fast ausschließlich mit rein praktischen Beobachtungen über das Verhalten der verschiedenen Materialien bei den vorliegenden Witterungsbedingungen, sei es nun, daß man die Baustoffe den herrschenden Witterungsverhältnissen aussetzt und einige bemerkenswerte Eigenschaften vom rein akademischen Standpunkt aus betrachtet und daraus die weiteren Schlüsse für die mehr oder weniger gute Eignung eines Materials in der praktischen Verwendung ableitet, oder an Hand der im praktischen Betriebe beobachteten Freileitungen die entsprechenden Folgerungen zieht. Beide Verfahren haben naturgemäß ihre Berechtigung, und so sollen sich auch hier die Betrachtungen weder dem einen noch dem anderen Wege verschließen.

Als erstes Beispiel dieser Art mögen die Beobachtungen von J. Kershaw[70] angeführt werden, der verschiedene Baustoffe an zwei Stellen des nördlichen Englands (Lancashire) den Einwirkungen der Witterung aussetzte. Für die Beurteilung des erfolgten Angriffes wurde bei diesen Versuchen, die sich über 10 Monate erstreckten, das Gewicht der Proben und die Beschaffenheit der Oberfläche gewählt. Die Ergebnisse für die beiden Orte sind zwar der Größe nach etwas voneinander verschieden, im übrigen aber vollständig gleichsinnig ausgefallen. Hierbei zeigte sich, daß nach Ablauf der genannten Zeit Drähte und Stangen aus Aluminium verhältnismäßig stark angegriffen waren; die Oberfläche hatte ein rauhes, narbiges Aussehen angenommen. In dieser schwammigen Auflockerung der Oberfläche durch die Oxydationsprodukte setzte sich aber zugleich Staub und Schmutz ab, so daß sich daraus die festgestellte Gewichtszunahme erklärt. Dagegen ließ sich bei Kupfer, verzinntem Kupferdraht und verzinktem Eisendraht durchweg eine beträchtliche Gewichtsverminderung beobachten; auch hier war die Einwirkung recht stark vorgeschritten, das Zink zum Teil völlig weggefressen. Die elektrische Leitfähigkeit und mechanische Festigkeit wurde in diesem Falle leider nur an zwei Proben nach der Lagerung untersucht und zeigte in beiden Fällen eine deutliche Abnahme.

Bedeutend umfangreicher nun war das Beobachtungsmaterial, auf das sich E. Wilson[71] stützte. Es lagen im ganzen 25 verschiedene Aluminiumlegierungen vor, bei denen der Gehalt an Eisen, Kupfer, Nickel, Mangan und Zink bis ungefähr 2% geändert war. Die Proben hatten bei einem Durchmesser von 3,2 mm sämtlich die gleiche Oberfläche und wurden im Jahre 1901 auf dem Dache des King's College zu London der Großstadtluft ausgesetzt. Nach bestimmten Zeiträumen wurden diese Proben in bezug auf den

Materialverlust und die Änderungen ihrer Leitfähigkeit untersucht; dabei zeigte sich, daß mit dem Kupfergehalt des Werkstoffes bei dieser Einwirkung die Abnahme der Leitfähigkeit recht stark ansteigt und auch die zinkhaltigen Legierungen erheblichen Änderungen dieser Art unterworfen sind, während ein Manganzusatz günstig auf die Beständigkeit des Materials einwirkt. Die beobachtete Zunahme des Widerstandes erfolgte aber nicht bei allen Proben gleichmäßig und veranlaßte WILSON, das Ergebnis dieser 24jährigen Versuchsreihe in zwei Gruppen zusammenzufassen, deren eine die Legierungen mit Kupfer allein sowie mit Kupfer und Mangan umfaßt und eine stetige Abnahme der Leitfähigkeitswerte aufweist, während die anderen Legierungen in der zweiten Gruppe zunächst auch eine Leitfähigkeitsabnahme zeigen, der dann aber in ganz auffallender Weise ein über mehrere Jahre sich erstrekkendes, in seinen Ursachen jedoch nicht ergründetes Anwachsen der Leitfähigkeit folgt, um schließlich einem mehr oder weniger konstanten Werte sich zu nähern. Da für alle Proben gleichzeitig auch die Gewichtsverminderung bestimmt wurde, so konnte der weitaus größte Teil der beobachteten Widerstandserhöhungen auf den Materialverlust der Drähte zurückgeführt werden.

Der Befund dieser Versuche deckt sich recht gut mit den Erfahrungen, die die Deutsche Reichspost über Freileitungen aus Aluminium gesammelt hat. Hierüber macht O. HÄHNEL[72] recht bemerkenswerte Angaben, auf die sich die folgenden Ausführungen stützen. Die ersten Versuche galten einer Legierung von 98% Al und 2% Cu mit einer Festigkeit von 28 kg/mm² und einem Widerstand von 2,4 Ohm/km. Bereits nach 1½ Jahren waren die 4 mm starken Drähte einer Probeleitung von 36 km Länge erheblich angegriffen, und zwar besonders im Stadtgebiet Hannover und außerdem an Stellen, wo sie der Einwirkung von Rauchgasen ausgesetzt war; auf freier Strecke war dagegen die Leitung etwas besser erhalten. Nachdem aber bald darauf allein in einem halben Jahre 44 Drahtbrüche vorgekommen waren, wovon 37 auf die Strecke über Hannover entfielen, mußten 4 km der Leitung gegen 3 mm starken Kupferdraht ausgewechselt werden. Die Zerstörung war bereits so weit vorgeschritten, daß der Querschnitt der Aluminiumdrähte in dem stark angegriffenen Teile nur noch die Hälfte des Ausgangswertes betrug, während gleichzeitig damit der Leitungswiderstand sich auf 4,4 Ohm/km erhöht hatte. — Ein anderer

Versuch wurde mit einer 38 km langen Leitung im Taunus durchgeführt; die beiden verwendeten Drähte (4 mm Durchmesser) bestanden aus einer Aluminiumlegierung mit 0,5% Cu und 2,5% Zn (0,3% Fe und 0,3% Si als Verunreinigungen) mit einer Festigkeit von 27,6 kg/mm². Nach ungefähr 3½ Jahren hatte der Durchmesser der Leitung im Stadtgebiet Wiesbaden bereits um 1 mm abgenommen und mußte hier nach einem weiteren Betriebsjahre durch 3 mm starken Kupferdraht ersetzt werden. Nach 6jähriger Betriebsdauer mußten auch die über Hochwald und freies Feld führenden Teilstrecken ausgetauscht werden. Der stark angegriffene Draht hatte an einzelnen Stellen nur noch zwei Drittel seiner ursprünglichen Stärke, der elektrische Widerstand lag um 20% höher. — Diesen Werten wird vergleichsweise das gute Verhalten einer Fernsprechleitung in Berlin aus 3 mm Kupferdraht gegenübergestellt, die nach 21jähriger Betriebsdauer von ihrem ursprünglichen Querschnitt 7 mm² noch 2 mm² besaß und dabei einen Gewichtsverlust von 47% aufwies.

Eine ganz besondere Schwierigkeit bei der Verwendung der Leichtmetalle im Freileitungsbau bereitet die Herstellung einwandfreier und korrosionsbeständiger Verbindungsstellen, und zwar nicht nur in mechanischer, sondern vor allem in chemischer Hinsicht. Es war bereits vorher darauf hingewiesen worden, daß sich Aluminium unter dem Einfluß der umgebenden Luft sehr schnell mit einer Oxydschicht überzieht; diese dünne Oxydhaut erschwert vor allem die Herstellung brauchbarer Lötstellen, selbst wenn es gelänge, hinterher die Lötverbindung gänzlich dem Einfluß der atmosphärischen Luft zu entziehen. Dazu kommt ferner, daß hierbei mindestens ein fremdes chemisches Element der Lötstelle zugeführt wird. Dadurch ist aber die Entstehung eines galvanischen Elementes, für das die atmosphärische Feuchtigkeit schon völlig ausreichend ist, in die Wege geleitet. Die meisten Metalle, die für gewöhnlich bei den Lötungen benutzt werden, verhalten sich aber mit Ausnahme des Lithiums und des Magnesiums, wie aus der elektrolytischen Spannungsreihe bekannt ist, elektropositiv gegen das Aluminium, so daß bei Gegenwart von Feuchtigkeit ein elektrochemischer Vorgang einsetzt, durch den eine starke Korrosion des Aluminiums hervorgerufen wird. Die gleichen Verhältnisse liegen aber auch vor, sobald das Leichtmetall mit einem anderen Metall in unmittelbarer Berührung steht.

Aus diesen Gründen muß bei Abzweigungen und anderen Armaturteilen ein unmittelbares Zusammentreffen von Aluminium mit Kupfer, das in dieser Hinsicht wesentlich edler ist, durchaus vermieden werden. Man sollte sich bei diesen Fragen jedenfalls von dem Grundsatze leiten lassen, nach Möglichkeit die Leichtmetalle nur mit Materialien gleichen chemischen Potentials in Berührung zu bringen. Im praktischen Betriebe ist man bis jetzt mit erprobten Spezialkonstruktionen am besten gefahren, die durch geeignete Mittel den Zutritt von Feuchtigkeit vermeiden.

Die erwähnten Spannungsunterschiede entstehen aber nicht nur zwischen verschiedenen Materialien, sondern können unter Umständen auch im gleichen Material auftreten; so ist es eine bekannte Tatsache, daß bei Aluminium und einigen anderen Metallen beispielsweise hartgezogener Draht elektropositiv ausfällt gegen das gleiche Material im weichen Zustande und hierdurch örtlich begrenzte Anfressungen eingeleitet werden. Die gleichen Bedenken bleiben auch bestehen, sobald die Oberfläche der Leichtmetalllegierung nicht einwandfrei bearbeitet ist, d. h., daß Fremdkörper sich an bestehende Risse und Grate festsetzen können. Auch beim Walzen in die Oberfläche eingedrückte Splitter anderer Metalle können wegen der Erhöhung der Korrosion höchst gefährlich werden. Ein lehrreiches Beispiel dieser Art, wenn es sich auch nicht gerade auf Freileitungsmaterial bezieht, konnte Verfasser[73] vor mehreren Jahren bearbeiten und dabei das Fortschreiten der Korrosion durch die einzelnen Stufen der Entwicklung näher verfolgen.

Es ist nun noch auf die Leitungsverbindung bei gleichem Material ganz kurz hinzuweisen. Daß ein Lötverfahren hierfür nicht in Frage kommt, dürfte bereits durch vorstehende Ausführungen erledigt sein. Günstige Erfahrungen hat man mit geschweißten Verbindungsstellen (z. B. auch im Luftschiffbau) gemacht. Bei Freileitungen hat dieses Verfahren aber den Nachteil, daß in der Nähe der Schweißstelle durch die hohe Wärmezufuhr ein Teil der vorangegangenen Kaltbearbeitung wieder aufgehoben wird und dadurch die erzielten Festigkeitswerte nicht voll ausgenutzt werden können. Man ist daher überwiegend zu den mechanischen Verbindern, Klemmen u. dgl. übergegangen, die als Kerbverbinder oder Stromklemmen in verschiedenen Ausführungen bekannt sind. Soweit Aluminiumteile durch Schraubverbindungen zusammengehalten werden, macht sich eine Überprüfung der Verbindungsstellen in bestimmten Zeitabständen erforderlich, da durch ein Nachgeben des Aluminiums unter dem herrschenden Druck der Übergangswiderstand sich erhöht und damit auch die erzeugte Stromwärme ansteigt.

2. Die Erscheinungen an Freileitungsisolatoren.

Galten die Ausführungen des vorigen Abschnittes den Erscheinungen an den Werkstoffen der Freileitungen, so wenden sich nunmehr die Betrachtungen einem ebenso wichtigen Bestandteile der Freileitungen zu. Als solcher nimmt der Isolator als Träger der spannungsführenden Teile in Rahmen der großen Verteilungsnetze eine wichtige Sonderstellung ein. Schon durch den Umstand, daß er nicht allein starken elektrischen, sondern in gleicher Weise auch erheblichen mechanischen Beanspruchungen unterworfen ist, wird seine besondere Bedeutung offensichtlich. Das Versagen oder Zubruchgehen vereinzelter Isolatoren oder unter Umständen auch nur eines Stückes kann die Stromversorgung weiter Strecken eines Verteilungsnetzes in Frage stellen, ganz abgesehen dabei noch von den Schwierigkeiten, die durch das Aufsuchen und Auswechseln der fehlerhaften Isolatoren entstehen. Mit dem Verhalten der Isolatoren steht oder fällt daher die Betriebssicherheit einer Anlage. Es ist also nicht von der Hand zu weisen, daß sich die Aufmerksamkeit des Betriebstechnikers in erhöhtem Maße diesen Fragen zuwendet.

a) Die Werkstofffrage für Freileitungsisolatoren.

Für die Isolatoren der Freileitungen, die in weiten Zügen zur Nachrichten- und Energieübertragung die Kulturländer durchziehen, wird fast ausschließlich das Porzellan verwendet, und zwar kommt für diese Zwecke der Elektrotechnik nur das Hartporzellan in Frage, das im Gegensatz zu dem für Luxus- und Gebrauchsgegenstände üblichen Weichporzellan gerade durch besonders hochwertige Eigenschaften seine Eignung in langjährigem Gebrauch erwiesen hat. Dabei mag schon an dieser Stelle darauf hingewiesen werden, daß Alterungserscheinungen, unter denen viele Materialien im Laufe der Zeit ihre anfänglich günstigen Eigenschaften teilweise oder ganz einbüßen, bei Hartporzellan bisher nicht bekannt geworden sind. Will man sich nun von der überwiegenden Verwendung des Porzellans zu elektrotechnischen Zwecken Rechenschaft ablegen, so läuft eine solche Überlegung in der Hauptsache auf die Beantwortung der Frage hinaus, durch welche Eigenschaften im besonderen sich das Hartporzellan für diese Zwecke als brauchbar erwiesen hat. Die Ausführungen von W. Beck[74] befaßten sich seiner Zeit ungefähr mit der gleichen Fragestellung.

Die umfangreiche Verwendung des Porzellans beruht, um die leitenden Gesichtspunkte zunächst in kurze Worte zusammenzufassen, auf der Tatsache, daß dieses Material bei hochwertig isolierenden Eigenschaften eine große mechanische Festigkeit und außerdem eine beachtenswerte Widerstandsfähigkeit gegen äußere Einflüsse aufweist, die thermischer oder chemischer Natur sein können oder auch durch die Einwirkung der Atmosphärilien hervorgerufen werden. Selbstverständlich setzt man bei einer derartigen Aussage die Erkenntnis voraus, daß wir gegenwärtig über ein allen praktischen Anforderungen entsprechendes Isoliermaterial noch nicht verfügen; daher schließt die Beurteilung gewissermaßen stets einen Vergleich mit denjenigen Materialien ein, die sonst für diese Zwecke in Frage kommen müßten.

Die vom VDE vorgeschriebenen Abnahmeprüfungen geben die Gewähr, daß aller Voraussicht nach nur vollwertiges Material auf den Markt kommt; wenn bei dieser Prüfung nun doch der eine oder andere Isolator den Anforderungen nicht genügt, so dürfte dieser Ausschuß, der durch die neuzeitlichen Herstellungsverfahren recht gering gehalten werden kann, auf gelegentliche Unregelmäßigkeiten im Fabrikationsgange zurückzuführen sein. Denn bei dem zeichnerischen Entwurf der Isolatoren ist vor allem eine ungleiche Massenverteilung zu vermeiden; je dünner und je gleichmäßiger die Wandung des Isolators gehalten ist, desto gleichmäßiger läßt sich die Zusammensinterung des Massekuchens während des Brennprozesses durchführen, ohne zu den gefürchteten und gefährlichen inneren Spannungen Anlaß zu geben. Der Entwurf soll gleichzeitig aber auch der für den praktischen Betrieb so wichtigen Forderung Rechnung tragen, daß bei elektrischer Beanspruchung an einem einwandfreien Porzellanisolator gegebenenfalls der äußere Überschlag früher erfolgt als der Durchschlag durch das Material selbst. Von großer Bedeutung ist naturgemäß bei der Herstellung auch die Höhe und (bei größeren Stücken) die Zeit der Brenntemperatur, die für das Garbrennen aufgewandt wird; bei zu geringer Brenntemperatur ist die Zusammensinterung noch nicht in vollem Umfange eingetreten. Man findet dann ein recht poröses Porzellan, das seine hochwertigen elektrischen Eigenschaften noch nicht erreicht hat; eine zu hohe Brenntemperatur macht dagegen das Material zu spröde und setzt seine mechanischen Eigenschaften, die meist von nicht geringerer Wichtigkeit sind, herab.

In elektrischer Hinsicht aber ist das Hartporzellan als ein sehr hochwertiger Isolierstoff anzusehen, dessen wertvolle Eigenschaften im Freileitungsbau zu weitgehender Ausnutzung kommen. Neben der hohen elektrischen Festigkeit, die das Porzellan besitzt, tritt in diesem Zusammenhange besonders die geringe Oberflächenleitfähigkeit in den Vordergrund, die man meist noch durch eine besondere Glasur weiter zu vermindern sucht. Diese Glasur, die während des Garbrandes zu einer dünnen Schicht zusammenfließt und nach dem Abkühlen den Isolator mit einer zusammenhängenden glasartigen Haut umgibt, erfüllt einen doppelten Zweck; zunächst schließt sie die bei keramischem Material fast unvermeidlichen Poren und hindert dadurch das Eindringen von Feuchtigkeit, die den Isolator nicht nur in elektrischer Hinsicht stark mindern, sondern gegebenenfalls auch beim Gefrieren direkt zerstören kann. Dann aber soll die Glasur dem Porzellan dauernd eine glatte Oberfläche erhalten, auf der sich niedergeschlagener Staub und Ruß nicht für ständig festsetzen kann. Diese Forderung ist, wie wir bald sehen werden, in bezug auf den Oberflächenwiderstand der Freileitungsisolatoren von besonderer Bedeutung. Rißfreiheit der Glasur muß aber vorausgesetzt werden, da vorhandene Risse in der Glasur gerade das Gegenteil ihrer Zweckbestimmung bedeuten würden. Solche Glasurrisse treten vor allem dann auf, wenn Porzellan und Glasur eine verschiedene Wärmeausdehnung besitzen. Zeigt beispielsweise die Glasur die größere Wärmeausdehnung, so überzieht sich die ganze Oberfläche des Isolators mit einem feinmaschigen Netz dünner (furchenartiger) Risse, während umgekehrt die größere Wärmeausdehnung des Porzellans nur an einigen Stellen zu Rissen Anlaß gibt, deren Ränder erhaben nach oben gepreßt sind. Derartig glasurrissiges Porzellan darf in der Praxis nicht zur Verwendung kommen. In rein elektrischer Hinsicht bietet jedoch eine Glasur keinen Vorteil.

Ursprünglich hatte man auch der Verwendung des Glases

für diese Zwecke große Erwartungen entgegengebracht, jedoch ist man durch die im Laufe der Zeit gemachten Erfahrungen immer mehr von diesem keramischen Material abgekommen. Die Gründe hierfür liegen einmal auf fabrikationstechnischem Gebiet, dann aber auch in den Eigenschaften des Materials selbst. Es ist nämlich gerade beim Glase äußerst schwierig (mit Ausnahme einiger ganz hochwertiger, aber dadurch recht teurer Glassorten), im Fabrikationsgange den Glasfluß so gleichmäßig zu halten, daß innere Spannungen in dem fertigen Material vermieden werden. Daher die große Empfindlichkeit der Glasisolatoren gegen mechanische und thermische Beanspruchungen. Hinzu kommt noch die schlechte Wärmeleitfähigkeit des Glases, die einem schnellen Ausgleich ungleicher Erwärmung entgegensteht; so sind Glasisolatoren auch besonders durch schroffe Temperaturwechsel sehr stark gefährdet. Berichtet doch z.B. E. MEYER[75], daß bei einer ausländischen Anlage an einem heißen Sommertage nach dem plötzlichen Eintritt eines kalten Gewitterregens ungefähr 60 Isolatoren aus Glas zersprungen sind.

Dann aber ist es eine bekannte Tatsache, daß das Glas durch Wasser angegriffen wird und zum Teil in Lösung geht. Besonders alkalische Gläser scheiden bei Gegenwart von Wasser an der Oberfläche Salze ab, die nicht allein die Oberflächenleitfähigkeit erhöhen, sondern auch durch die damit verbundene Aufrauhung der Oberfläche den stets vorhandenen Verunreinigungen der Luft einen festen Halt bieten, von dem sie durch natürliche Mittel, wie durch Regen und Wind, nicht mehr völlig beseitigt werden können. Trotz aller dieser Bedenken hält man noch in Frankreich und Amerika zum Teil an den Glasisolatoren fest. Es ist sogar durch Veröffentlichungen bekannt, daß man in Amerika Glasisolatoren bis zu Spannungen von 50 kV verwendet. In neuerer Zeit versucht man auch in dem schon für weite Strecken auf elektrischen Betrieb umgestellten Oberbau der schweizerischen Bahnen den Isolator aus Glas wieder heimisch zu machen[76] und vornehmlich für die Fahrdrahtisolatoren zu verwenden. Als Isolatoren für den örtlichen Fernsprechverkehr hat Verfasser in der Schweiz ebenfalls vielfach Isolatoren aus Glas feststellen können.

Von anderen Isolierstoffen kommt das sonst für Isolationszwecke so hochwertige Hartgummi für den Freileitungsbau nicht in Frage, da das Hartgummi unter dem Einfluß des Lichtes oberflächlich eine gelblichgrüne Schwefelverbindung abscheidet, durch die seine Oberflächenleitfähigkeit erhöht wird, ganz abgesehen auch davon, daß das Material nicht lichtbogenbeständig ist und bei einem gelegentlichen Überschlag zum Schmelzen kommt und verkohlt.

Größere Aufmerksamkeit wird gegenwärtig dem Steatit und Sillimanit entgegengebracht; diesem besonders mit Rücksicht auf die Möglichkeit, größere Körper aus diesem Material, wie z.B. Durchführungen und Stützer, in einem Stück fertigzustellen. Steatit aber hat dem Porzellan gegenüber den großen Vorzug eines sehr viel geringeren Schwundes während des Brennens (Porzellan schwindet bis ca. 20%, Steatit dagegen nur um 1%)[77], so daß bei diesem keramischen Material mit einer recht hohen Maßhaltigkeit gearbeitet werden kann.

Die weiteren Ausführungen dieses Abschnittes werden sich, soweit nichts besonderes angegeben ist, nur auf Isolatoren aus Porzellan beziehen.

b) Die Rißbildung an Isolatoren.

Die Isolatoren der Freileitungen sind ihrer Bestimmung nach in weitgehendem Maße dem Einfluß der Witterung ausgesetzt. Sehen wir zunächst von allen Sonderbeanspruchungen in dieser Beziehung, wie sie durch Wind oder Regenfälle, weiterhin auch durch Einwirkungen chemischer Art hervorgerufen werden, ganz ab, so müssen doch die Isolatoren den normalen Temperaturschwankungen, die im täglichen Wechsel vor sich gehen, gewachsen sein. Dieser Tatsache muß in vollem Maße dort Rechnung getragen werden, wo in enger Verbindung mit dem isolierenden Porzellan noch andere Baustoffe, wie z. B. die metallenen Stützer als Träger des Isolators verwendet werden, die eine wesentlich verschiedene Wärmeausdehnung besitzen. Die umstehende Zusammenstellung zeigt die großen Unterschiede, die in dieser Hinsicht bei den einzelnen Materialien auftreten können. Zu beachten ist dabei besonders, daß gerade die metallischen Baustoffe mit ihrer mehrfach größeren Wärmeausdehnung nach der bisher üblichen Ausführung sich im inneren Teile der sich nur gering ausdehnenden keramischen Massen befinden und daher unter Umständen, falls keine entsprechenden Maßnahmen getroffen sind, von innen heraus einen Druck auf das Porzellan ausüben und den Isolierkörper zersprengen können.

Die bereits vorher beim Glase erwähnten inneren Spannungen müssen wie bei allen keramischen Baustoffen auch beim Porzellan Berücksichtigung finden. In ihrer gefährlichsten Form werden die inneren Spannungen sich auswirken, wenn sie mit dem Isolator zugleich auf die Welt kommen, d. h. wenn beim Garbrennen nicht in genügender Weise der ungleichen Massenverteilung, die durch die verschiedene Wandstärke des Isolators unvermeidlich ist, Rechnung getragen wird. Um diese Zufälligkeiten von vornherein auszuschalten, hat der VDE in den Prüfvorschriften

Zahlentafel 13. Thermische Eigenschaften einiger Werkstoffe für den Freileitungsbau (* nach HOLBORN und HENNING, ** nach STEGER).

Werkstoff	Lineare Wärmeausdehnung $\beta \cdot 10^6$	Spez. Wärme um 18° C	Wärmeleitfähigkeit um 18° C
Porzellan . .	3,6*	0,25**	0,0025
Glas	6,0÷8,0	0,19	0,0023
Eisen. . . .	12,0	0,11	0,14÷0,17
Kupfer . .	16,5	0,09	0,90

für Porzellanisolatoren eine Wärmeprüfung vorgesehen, der sämtliche Isolatoren gerecht werden müssen, die den normenmäßigen Vorschriften entsprechen sollen. Die Prüfung selbst besteht darin, daß die Prüfstücke einem dreimaligen schnellen Temperaturwechsel dadurch unterworfen werden, daß sie umschichtig in ein warmes und ein kaltes Bad getaucht werden. Dabei soll die Dauer des Eintauchens ausreichen, daß der ganze Prüfkörper die gleiche Temperatur annimmt. Während man als Temperatur des kalten Bades gleichmäßig für alle Formen +15° C festgesetzt hat, wurde die Temperatur des warmen Bades abgestuft gemäß der Schwierigkeiten, innere Spannungen während des Fabrikationsganges zu vermeiden; sie beträgt für einteilige und zusammengekittete Isolatoren 90° und für zusammenglasierte Isolatoren 65° C. Jedes Prüfstück darf nach dieser Wärmeprüfung keinerlei Risse oder Sprünge weder im Porzellan selbst noch in der Glasur aufweisen und muß außerdem den elektrischen Bedingungen völlig genügen. Während nun diese Wärmeprüfung in erster Linie als eine reine Stückprüfung des fertiggestellten Isolators anzusehen ist, hat sie aber zugleich auch noch eine zweite Aufgabe zu erfüllen: die Prüfung soll nämlich gleichzeitig auch eine Gewähr bieten für das Verhalten des Isolators gegenüber den schroffen Temperaturwechseln, denen er bei der praktischen Verwendung ausgesetzt ist. Derartige Beanspruchungen treten besonders während der Sommerzeit ein, wenn bei Gewittern nach sehr starker Einstrahlung und Erwärmung Hagel oder kalter Regen einige Zeit auf den Isolator fällt und eine rasche Abkühlung herbeiführt, die besonders für inhomogenes Material verhängnisvoll werden kann; aber auch in sonst gleichmäßigem Porzellan können auf diese Weise durch eine verschiedene Bestrahlung die Spannungsverhältnisse im Innern des Materials durch den schlechten Wärmeausgleich über die ungleiche Wandstärke des Isolators recht ungünstig beeinflußt werden.

Auch die Armaturfrage der Freileitungsisolatoren stellt den Elektrotechniker vor eine Anzahl Aufgaben, wobei wir an dieser Stelle alle Schädigungen, die auf reine Materialfehler zurückzuführen sind, ganz außer Betracht lassen können. Für die gebräuchlichen, genormten Isolatorstützen kommt handelsübliches Flußeisen zur Verwendung; dieser Werkstoff muß aber, soweit die Leitungen in der Nähe des Meeres oder auch chemischer Fabriken geführt werden, einen besonderen Schutz erhalten. Als solcher hat sich eine gute Feuerverzinkung, die das Eisen in einer zusammenhängenden Schicht[78] überzieht, in den meisten Fällen als ausreichend erwiesen. Dieser Schutz versagt jedoch bei den verzinkten eisernen Seilschlingen der sog. Schlingenisolatoren, da den Beobachtungen nach Glimmentladungen auf die Zinkschicht nachteilig einwirken. In diesem Falle empfiehlt sich die Verwendung von Kupferseilen, wie man überhaupt in neuerer Zeit für die lösbaren Armaturteile vielfach Kupfer oder Bronze bevorzugt.

Diese Ausführungen haben zugleich eine Frage berührt, die lange Zeit im Isolatorenbau recht große Schwierigkeiten bereitet hat, nämlich die Verbindung der metallenen Stützen mit dem Isolator und mehrerer Porzellanteile miteinander, das sog. Kittproblem.

Der Übergang zu immer größer ausgeführten Isolatoren machte es nämlich erforderlich, mit Rücksicht auf die Schwierigkeiten, die durch die unterschiedlichen Wandstärken beim Garbrennen auftreten, den Isolator konstruktiv in mehrere Teile zu zerlegen und diese Einzelteile gesondert fertigzustellen. Wenn nun auch diese Maßnahme vollauf ihren Zweck erfüllte, so wurde unbewußt dabei die Schwierigkeit an eine andere Stelle verlegt. Das Zusammenfügen der einzeln gebrannten Teile zu einem mehrteiligen Isolator geschah lange Zeit mit einem Zementkitt. Obwohl nun diese Fabrikate den vorschriftsmäßigen Abnahmebedingungen durchaus genügten, zeigte sich gerade bei den mehrteiligen Isolatoren im Verlaufe der Jahre eine auffallende Häufung von Zerstörungserscheinungen; die Zeitangabe der einzelnen Beobachter decken sich nicht ganz und schwanken zwischen 3 und 6 Jahren. In dieser Zeit begann zunächst eine feine Rißbildung am Kopf des Isolators, und zwar nur in dem äußeren Teile, die sich allmählich steigerte. Die Folge davon war bei elektrischer Beanspruchung zunächst das Auftreten unvollkommener Entladungen, bis schließlich nach weiterer Ausbildung der Risse ein völliger Durchschlag erfolgte. Die ganze Frage wurde aber noch schwieriger, als man erkannte, daß nicht etwa die elektrische Beanspruchung hierbei eine wesentliche Rolle spielt, sondern auch mehrteilige Isolatoren, die gar nicht im Betrieb, ja nicht einmal eingebaut waren, denselben Zerstörungen unterlagen.

War der Einfluß des Kittes auf diese Vorgänge offensichtlich, so glaubte man zunächst in der größeren (ungefähr vierfachen) Wärmeausdehnung der Kittmasse die alleinige Ursache für diese Erscheinungen annehmen zu müssen. Umfangreiche Versuche galten daher der Aufgabe, durch Zusatz besonderer Magerungsmittel die Wärmeausdehnung des Kittes auf den Wert des Porzellans herabzusetzen. Von den Ergebnissen ist der dem Porzellan ungefähr ausdehnungsgleiche Teleokitt[79] recht bekanntgeworden. Aber auch dieser konnte auf die Dauer nicht völlig befriedigen, da die Hauptursache des Übels viel tiefer lag; sie beruht auf einer grundlegenden Eigenschaft des Kittes, worauf in diesem Zusammenhange wohl zuerst J. Bruňdige[80] hingewiesen hat.

Nach dem Abbinden des Zementkittes setzt unter beträchtlicher Volumenverminderung, falls der Vorgang in Luft (anders in Wasser!) vor sich geht, die recht langsam verlaufende Erhärtung der Masse ein, die erst nach ungefähr zwei Jahren abgeschlossen ist; der völlig erhärtete Zustand zeichnet sich durch den Höchstwert der Festigkeit und, was besonders hier eine Rolle spielt, auch der

Dichte aus. Die durch Temperaturwechsel hervorgerufene Wärmeausdehnung des Kittes ist aber nicht reversibel, d.h. sie geht nicht auf ihren Ausgangswert zurück, sondern läßt eine, wenn auch sehr geringe Volumenvermehrung zurück. Diese Raumvermehrung erreicht zwar selbst bei sehr häufiger Wiederholung nicht die Größe der beim Erhärten erfolgten Volumenverminderung, gibt jedoch andererseits der Luftfeuchtigkeit Gelegenheit, in die Poren der Kittmasse einzudringen und sich dort auszuwirken. Der Einfluß der Feuchtigkeit auf die räumliche Ausdehnung ist nun ungleich stärker und kann das Volumen, wie die Versuche ergeben haben, bis über den Ausgangszustand bringen. Dieses Treiben der Kittmasse wird überdies begünstigt durch eine allzu grobe Mahlung und ungleichmäßige Durchmischung des Materials, ferner auch durch einen zu hohen Gehalt an Kalk, Gips und Magnesia.

Um diesen Nachteilen zu begegnen, führte man an den Kittstellen eine elastische Zwischenschicht ein; diese Lösung befriedigte jedoch nicht restlos, da einerseits hierdurch (bei Anwendung einer Paraffinschicht) die mechanische Festigkeit des ganzen Isolators Einbuße litt, andererseits aber (z.B. bei Papier, Lack) eine Wechselwirkung des Zements und der Feuchtigkeit auf die Zwischenschicht stattfand. Wesentlich günstiger verliefen schon die Bemühungen, das Eindringen der Feuchtigkeit überhaupt zu vermeiden, sei es durch Zusatz von Teer zum Kitt, wodurch die Porenräume während des Abbindens und Erhärtens ausgefüllt werden sollen, oder durch eine besondere Imprägnierung der Schicht nach dem Zusammenkitten, wie es von amerikanischer Seite geschieht. Bei richtiger Bemessung der zugesetzten Teermenge lassen sich tatsächlich auf diese Weise die Risse in weitgehendem Maße vermeiden.

Die durch das Einkitten bedingten Schwierigkeiten haben neben den erwähnten Bestrebungen, diese Nachteile zu beheben, zur Ausbildung von Isolatoren geführt, die jede innere starre Verbindung von Eisen und Porzellan vermeiden; von diesen seien die Schlingen-, Doppelkappen- und Shakle-Isolatoren erwähnt. Auch dürften besonders bei der Herstellung einteiliger größerer Isolatoren und Durchführungen weitere Erfolge durch die Verwendung der in neuerer Zeit stark betonten Baustoffe Steatit, Melalith und Sillimanit zu erwarten sein, die infolge des sehr viel geringeren Schwundes beim Brennen einen gewissen Vorteil dem Porzellan gegenüber aufweisen.

c) Freileitungsisolatoren unter chemischer Einwirkung.

Die Widerstandsfähigkeit des Hartporzellans gegen die Atmosphärilien hat, wie bereits oben angedeutet wurde, in erster Linie seine vorherrschende Verwendung für die Freileitungsisolatoren bedingt. Dazu kommt noch, daß man gegenwärtig kein Material kennt, das bei gleichzeitiger Eignung für einen Freileitungsisolator eine derartige Beständigkeit gegen die Einwirkung säurehaltiger Gase aufweist, wie sie in der Nähe chemischer Fabriken vorkommen. Man kann ganz allgemein sagen, daß Porzellan und seine Glasur, vorausgesetzt, daß eine harte, widerstandsfähige Glasur verwendet wird, durch Witterungseinflüsse überhaupt nicht angegriffen werden. Nur die langandauernde Einwirkung säurehaltiger Gase bewirkt schließlich einen unvermeidlichen, sehr langsam fortschreitenden Angriff auf derart beanspruchte Isolatoren und macht ihren Austausch nach gewissen Zeiträumen erforderlich.

Beziehen sich diese Beobachtungen zunächst nur auf das Material als solches, so wirken sich die Ablagerungen auf den Isolatoren, die durch verschiedene Umstände bedingt sein können, in der Hauptsache auf elektrisch beanspruchte Isolatoren aus. Da die Wirkung im allgemeinen die gleiche ist, können die einzelnen Fälle hier gemeinsam behandelt werden.

Es handelt sich hier hauptsächlich um eine Ablagerung salzhaltiger Stoffe, die sich in Zeiten längerer Trockenheit auf der Oberfläche des Isolators niedergeschlagen haben. Während nun diese Salze in trockenem Zustande meist als recht gut isolierende Stoffe anzusprechen sind, nehmen sie aber bei feuchtem Wetter begierig Feuchtigkeit aus der Luft auf und machen dadurch die Oberfläche des Isolators leitend. Überschläge stärkster Art sind die Folge; nach den Beobachtungen von P. SCHILLING[81] waren hierbei die Stromübergänge so stark, daß sogar die entsprechenden Ölschalter auslösten. Erst nachdem die Isolatoren gründlich mit Wasser abgewaschen waren, konnte die Leitung wieder in Betrieb gesetzt werden. Eine Abhilfe wurde in diesem Falle dadurch erzielt, daß man unter Erhöhung der Betriebssicherheit zu Weitschirmisolatoren für 60 kV überging oder für eine andere Anlage Hängeisolatoren wählte.

Auf ähnliche Ursachen ist nun auch der Einfluß der Meeresnähe auf den Isolationszustand der Freileitungsisolatoren zurückzuführen. Es ist ja bekannt, daß in fast allen Wassertröpfchen der

Atmosphäre Salze enthalten sind, die in der Hauptsache dem Meereswasser entstammen. Hochspannungsanlagen, die in der Nähe des Meeres verlegt sind, unterliegen daher ständig derartigen Einflüssen. Befinden sich nun Freileitungen im Bereiche feuchter, salzhaltiger Luft, so bildet sich, wenn bei längerer Trockenzeit das Wasser verdunstet, auf dem Mantel des Isolators eine dünne, zusammenhängende Salzschicht, die zunächst im trockenen Zustande das Isolationsvermögen des Isolators nicht wesentlich mindert. Sobald dann aber feuchte Witterung, Tau, Nebel oder Regen eintritt, wird das bis dahin kristalline Chlornatrium oder das noch stärker hygroskopische Magnesiumchlorid gelöst und setzt den Isolationszustand des Isolators soweit herab, daß die schon erwähnten Randentladungen stattfinden.

Bei diesen Erscheinungen spielt die vorherrschende Windrichtung eine nicht unbeträchtliche Rolle. Über diese Verhältnisse liegt ein sehr umfangreiches Beobachtungsmaterial von schwedischer Seite vor, aus dem E. SYLVAN[82] recht bemerkenswerte Einzelheiten mitgeteilt hat. Danach findet die Ablagerung auf den Isolatoren überwiegend in der Richtung des Windes statt, d.h. entgegen oder mit dem Winde; die Oberseite des Isolators wird von der Ablagerung ebenso betroffen wie seine Unterseite. Eine allgemein gültige Grenze läßt sich für die Reichweite und den Wirkungsbereich der salzhaltigen Meeresluft nicht festsetzen, dafür ist sowohl die Stärke des Windes wie auch ganz besonders die Oberfläche des betreffenden Landes von ausschlaggebender Bedeutung. Bei flachem, ebenem Boden, wie es beispielsweise im südlichen Schweden der Fall ist, kann sich der Einfluß des Meeres unter Umständen mehrere 100 km weit ins Land hinein erstrecken. Andererseits setzten Höhenzüge, die der Fortbewegung der Luftmassen entgegenstehen, und ausgedehnte Nadelwälder, die gewissermaßen als Luftfilter wirken, die Reichweite der salzhaltigen Meeresluft ganz merklich herab.

Soweit sich nun Hochspannungsfreileitungen in dem Wirkungsbereich der Meeresluft befinden, müssen die Isolatoren in regelmäßigen Zeitabständen einer vollständigen Reinigung unterzogen werden; in der Regel erfolgen die Salzablagerungen während längerer Perioden trockener Witterung, doch sind aber auch solche Fälle bekannt, in denen unter ungünstigen Verhältnissen die Ablagerung schon unmittelbar nach der vorgenommenen Reinigung wieder eingesetzt hat. Als äußeres Anzeichen geringerer Salzablagerung kann, sofern keine stärkeren Auswirkungen eintreten, bei nebligem Wetter das lebhafte Sprühen auf der Unterseite der Isolatorenhülse rings um die Stützen angesehen werden, das bei schon verhältnismäßig niederer Spannung durch Glimm- und Gleitentladungen hervorgerufen wird. Einen gewissen Schutz gegen die Auswirkung derartiger Salzablagerungen, wenn man auch die Ablagerungen als solche dadurch nicht vermeiden kann, sondern nur die Entstehung einer zusammenhängenden Salzschicht unterbindet, hat man in der Weise erreicht, daß die Isolatoren für derart gefährdete Gegenden mit vorstehenden Rippen oder tiefen Rillen ausgebildet werden.

Nach denselben Gesichtspunkten findet nun auch ganz allgemein das Verhalten verschmutzter Isolatoren[83], wie sie besonders in industriereichen Gegenden vielfach vorkommen, zwanglos seine Erklärung. Stets ist es der Einfluß der feinverteilten Feuchtigkeit, die bei derartigen Ablagerungen den Isolationszustand des Isolators unter das zulässige Maß herabsetzt, während ein ausgesprochener Regen bei nur schwachen Ablagerungen durchaus reinigend auf den Isolator wirkt, bei einem stärkeren Grade der Verunreinigung jedoch ebenfalls den Oberflächenwiderstand des Isolators ungünstig beeinflußt.

Auf ähnliche Ursachen suchte man auch Störungserscheinungen zurückzuführen, die an den Isolatoren von Bahnnetzen beobachtet wurden, die bereits auf den elektrischen Betrieb umgestellt waren, jedoch zeitweilig noch von Dampflokomotiven durchfahren wurden. Hier traten Isolationsstörungen an den Isolatoren hauptsächlich in den Tunnel und auch unter Brücken gerade in dem Augenblick auf, wenn eine Dampflokomotive diese Strecke durchfuhr. Der Gedanke, diese Erscheinungen durch die auf den Isolatoren sich abscheidenden Kohle- und Rußteilchen zurückzuführen, mußte zu einer unrichtigen Beantwortung der Frage führen, da man die Oberleitung der ganzen Anlage mit einer drei- bis vierfachen Sicherheit errichtet hatte. Es war auch bekannt, daß trockene Isolatoren, die nur mit einem geringen Kohleniederschlag behaftet sind, keine wesentliche Minderung der Isolierfähigkeit gegenüber reinen Isolatoren aufweisen, was sich durchaus mit den Beobachtungen von W. Weicker[84] deckt, der mehrere Jahre hindurch Isolatoren dem Ofenrauch ausgesetzt hatte und danach keine wesentlichen Unterschiede in bezug auf den Oberflächenwiderstand sogar zwischen glasierten und unglasierten Porzellanisolatoren feststellen konnte. Die tiefere Ursache für die erwähnten Isolationsstörungen beruht aber, wie PARODI[85] als Berichterstatter vor der Soc. Int. des Electr. nachweisen konnte, in einer starken Verminderung der Isolationsfähigkeit der den Isolator umgebenden Luft, die durch die von der Dampflokomotive abgegebenen Gase ionisiert wird.

d) Das Verhalten elektrisch beanspruchter Isolatoren unter dem Einfluß atmosphärischer Feuchtigkeit.

Im praktischen Betriebe sind die gegenwärtig üblichen Isolatoren, wenn wir von den vorher erwähnten Erscheinungen, die ja nur für gewisse Gegenden Geltung haben, ganz absehen, stets der mehr oder weniger hohen Luftfeuchtigkeit und gelegentlich ihrer kondensierten Form als Regen unterworfen. Diese verschiedene Beanspruchung des unter Spannung stehenden Isolators kommt zum Ausdruck in dem wichtigen Begriff des Oberflächenwiderstandes, der in der Hauptsache durch den Wasserdampfgehalt der umgebenden Luft bedingt ist; ein geminderter Oberflächenwiderstand führt zu Entladungserscheinungen, die zunächst bei leichteren Niederschlägen als Randentladungen auftreten, bei heftigen Regenfällen aber zu direkten Überschlägen Anlaß geben. Ein zahlenmäßiges Beispiel mag als Beleg dieser Aussagen dienen. Es ist entlehnt den Arbeiten von W. WEICKER[86], dessen Beobachtungen wir gerade auf diesem Gebiet einen großen Teil unserer Erkenntnis verdanken; danach beträgt für einen Isolator des Reichspostmodelles Nr. 1 beispielsweise bei 40% relativer Feuchtigkeit der Wert des Oberflächenwiderstandes $2 \cdot 10^6$ Megohm, bei 80% aber nur noch $2 \cdot 10^3$ Megohm. Der Einfluß der atmosphärischen Feuchtigkeit wirkt sich daher zunächst auf den Oberflächenwiderstand des Isolators aus, dann aber weiter auf die Höhe derjenigen Spannung, bei der ein Überschlag um den Mantel herum zur Stütze stattfindet. (Von den verschiedenen Stufen der Vorentladungen kann an dieser Stelle abgesehen werden[87]). Bei der konstruktiven Durchbildung der größeren Isolatoren ging deshalb das Bestreben dahin, durch zweckentsprechende Formgebung die Sicherheit gegen das Auftreten von Randentladungen zu erhöhen. Dieses Ziel läßt sich in der Weise verwirklichen, daß man hinreichend große Flächen vorsieht, die (wenigstens unter normalen Verhältnissen) nicht vom Regen benetzt werden, und daß man außerdem den oberen Teil des Isolators schirmartig ausbildet, damit die abgleitenden Wassertropfen von den unteren Teilen ferngehalten werden. Die auf Grund dieser Überlegungen entworfenen Deltaglocken und Weitschirmisolatoren haben sich daher auch nach den vorliegenden Erfahrungen sehr gut bewährt.

Für die Beurteilung eines Isolators sind die Überschlagspannung im trockenen Zustande und die Regenüberschlagspannung ganz besonders kennzeichnende Werte; es sind daher zur laboratoriumsmäßigen Bestimmung der letzteren vom VDE Richtlinien aufgestellt worden, bei der die Beregnung unter einem Winkel von 45° den Isolator trifft und die Stärke des künstlich erzeugten Regens so bemessen ist, daß sie einer Regenmenge von 3 mm Niederschlagshöhe in der Minute entspricht. Der Leitfähigkeit des benutzten Wassers ist hierbei ebenfalls Rechnung zu tragen, da die elektrische Leitfähigkeit von Wasser verschiedener Herkunft zwischen weiten Grenzen schwankt. So beträgt nach den Messungen von W. Weicker die Leitfähigkeit destillierten Wassers $4 \div 10\ \mu S/\text{cm}$, diejenige von natürlichem Regenwasser in ländlicher Gegend $10 \div 30\ \mu S/\text{cm}$, um in der Nähe industrieller Anlagen auf 100 und mehr $\mu S/\text{cm}$ zu steigen, die Leitfähigkeit von Leitungswasser aber $100 \div 1000\ \mu S/\text{cm}$. Eine sehr übersichtliche vergleichende Gegenüberstellung der in den einzelnen Ländern zur Zeit geltenden Prüfvorschriften für Hochspannungsisolatoren gibt W. Weicker[88], der in einer Kurvendarstellung die Abhängigkeit der Regenüberschlagspannung von Freileitungsisolatoren von der Leitfähigkeit des Regenwassers zusammengestellt hat unter Berücksichtigung der von den einzelnen Ländern geforderten Leitfähigkeitswerte. Die Festsetzung der Regenmenge hat vielfach Widerspruch hervorgerufen, da die angegebene Niederschlagshöhe gegenüber den natürlichen Verhältnissen unvergleichlich hoch erscheint; sie ist jedoch begründet durch die kurvenmäßige Abhängigkeit der Regenüberschlagspannung von der Regenmenge, die von ungefähr 3 mm/min ab in großer Annäherung den Grenzwert erreicht.

Die Abb. 11 gibt eine Gegenüberstellung der Trockenüberschlagspannung und Regenüberschlagspannung verschiedener Hängeisolatoren, die den Einfluß der Feuchtigkeit sehr deutlich zum Ausdruck bringt.

Die einzelnen Gesichtspunkte, die bei der Einwirkung atmosphärischer Feuchtigkeit auf den Isolator in Frage kommen, lassen sich in folgende Sätze kurz zusammenfassen:

1. Ein Niederschlag kondensierten Wasserdampfes auf den Isolator begünstigt Randentladungen und setzt die Überschlagspannung herab.

2. Mit zunehmender Stärke des Regens wird die Spannung für den Eintritt der Entladungserscheinungen am Isolator herabgesetzt.

3. Die Richtung des einfallenden Regens (Windstärke) gegen den Isolator steigert mit wachsendem Winkel gegen die Vertikale das Eintreten der Entladungserscheinungen.

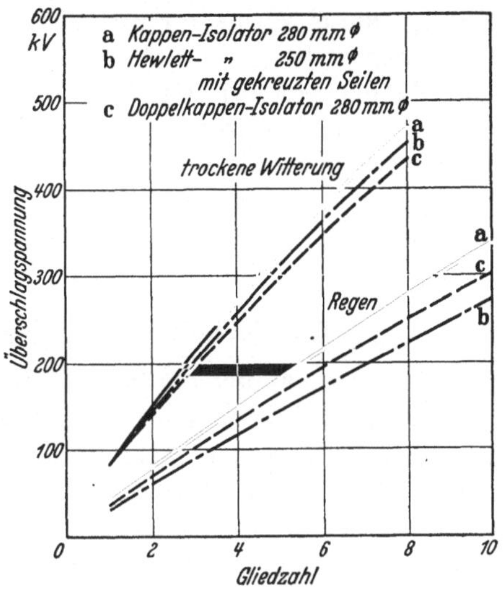

Abb. 11. Trocken- und Regenüberschlagspannung verschiedener Hängeisolatorenketten in Abhängigkeit von der Gliedzahl der Kette (nach W. Weicker).

4. Die zunehmende Leitfähigkeit des Regenwassers vermindert die Überschlagspannung des Isolators.

Zahlentafel 14. Verluste eines Isolators (Größe H 6) bei 6500 V Phasenspannung gegen Erde und unter verschiedenen Witterungsbedingungen (nach W. Weicker).

Witterung	Verluste Watt
Trockene Luft	0,05
Schwacher Nebel	0,15
Nebel bei Schneefall unter 0° C	0,25
Landregen bei hoher Luftfeuchtigkeit	1,1
Sonstiger Gewitterregen mit Sturm	1,5
Starker Regen vermischt mit Schnee über 0° C	2,2

5. Durch die Dauer der Beregnung wird die Spannung für das Auftreten der ersten Entladungserscheinungen herabgesetzt.

Selbstverständlich steigert die zunehmende Luftfeuchtigkeit auch die direkten Verluste eines Isolators. Wir folgen hierbei ebenfalls den Versuchen von W. WEICKER, der für den gleichen Isolator diese Verluste unter den verschiedensten Witterungsbedingungen festgestellt hat. Die umstehende Zusammenstellung (Zahlentafel 14) läßt die gewaltige Steigerung der Verluste eines einzigen Isolators unter sehr ungünstigen Witterungsbedingungen erkennen, die zwar zu den im vorigen Abschnitt erwähnten Leitungsverlusten noch hinzukommen, aber im Vergleich zu diesen doch nur einen geringen Betrag ausmachen.

3. Das Verhalten verschiedener Werkstoffe.

a) Der Einfluß der Atmosphärilien.

Der Inhalt dieses Abschnittes berührt das Arbeitsgebiet des Elektrotechnikers in so mannigfacher Weise, daß es bei gewissenhafter Überprüfung der jeweils vorliegenden Verhältnisse häufig recht schwerfällt, die Verantwortung für einen bestimmten Baustoff zu übernehmen. Wir sehen hierbei ganz ab von dem Einfluß höherer Temperaturen, die für die gegenwärtig verwendeten Isoliermaterialien fast durchweg eine Minderung sowohl der elektrischen wie auch der mechanischen Eigenschaften bedeuten. Von den hier zu behandelnden Fragen sollen zunächst einige Beispiele für den Einfluß von Luft und Licht erwähnt werden.

Das bekannte Bienenwachs verliert seine goldgelbe Farbe und auch den körnigen Bruch, wenn man es einem Bleichprozeß unter der Einwirkung der Luft und Sonne aussetzt (man „bändert" es nach der fachmännischen Bezeichnung); es nimmt dann eine weiße bis gelblichweiße Färbung an und wird spröde mit glatten Bruchflächen, besitzt nach der Bleichung einen um einige Grade höheren Schmelzpunkt und hat ein etwas größeres spezifisches Gewicht als ungebleichtes Wachs. Ähnlich ist die Änderung von Japanwachs unter dem Einfluß der Sonne und Luft. Rohes Wachs zeigt eine grünlichblaue, gebleichtes dagegen eine blaßgelbliche Farbe; bei weiterem Liegen an der Luft geht die Farbe bis ins bräunliche über, während die Oberfläche sich mit einem weißen, hygroskopischen Anfluge überzieht. Wenn Kopale längere Zeit in Pulverform an der Luft gelagert werden, ließ sich eine Verbesserung ihrer Löslichkeit feststellen. Bekannt ist auch die Tatsache, daß bleihaltige Anstriche durch den Einfluß des Sonnenlichtes ungünstig beeinflußt werden.

Die im Rohzustande farblose Guttapercha ist eine zähe, dehnbare Masse, die als schlechter Leiter der Elektrizität und der Wärme bekannt ist. Unter dem Einfluß des Luftsauerstoffes liefert jedoch die Guttapercha leicht oxydierende Produkte. Sie nimmt dabei eine rötlichgraue Farbe an; die Masse selbst wird spröde und rissig und setzt, besonders begünstigt durch gleichzeitige Einwirkung des Lichtes, an der Oberfläche eine amorphe, weißliche Schicht ab, die infolge ihrer Neigung zur Feuchtigkeitsaufnahme den elektrisch isolierenden Eigenschaften der Guttapercha ein Ziel setzt. Sowohl das beste Rohmaterial wie auch fertige Gegenstände aus Guttapercha halten der Einwirkung des Luftsauerstoffes auf die Dauer nicht stand; ein Abschluß gegen den Einfluß der Luft durch ein Lackieren der Gegenstände ist sehr empfehlenswert, soweit er sich praktisch durchführen läßt; auch eine 4proz. Formaldehydlösung hat sich als konservierend bewährt. Am besten erhält sich die Guttapercha unter Wasser, so daß sie für die Kabelfabrikation eine große Bedeutung erlangt hat. Nicht allgemein bekannt dürfte die Tatsache sein, daß Guttapercha im Rohzustand durch Reiben negativ elektrisch wird, nach der Einwirkung von Licht und Luft dagegen durch die gleiche Behandlung eine positive Aufladung zeigt, also ein Stellungwechsel in der reibungselektrischen Spannungsreihe erfolgt ist.

Wesentlich anders kommen die Oxydationserscheinungen aber beim Rohkautschuk zustande. Hier ist es vornehmlich der Einfluß der Belichtung, durch den die beobachteten Änderungen des Materials unter Sauerstoffaufnahme erfolgen. Die Verknüpfung dieser Bedingungen geht sogar so weit, daß bei völligem Lichtabschluß selbst bei ungehindertem Luftzutritt keine sichtbaren Veränderungen festgestellt werden können.

Der aus dem Milchsaft ausgeschiedene Rohkautschuk hat meist eine weiße Farbe, die aber unter dem Einfluß von Licht und Luft sehr bald in eine dunklere Färbung übergeht. Dieser Oxydationsvorgang ist zunächst nur oberflächlich, dringt dann aber langsam ins Innere vor, so daß man an einer frischen Schnittfläche mühelos die verschiedene Tönung beobachten kann. Vielfach wird schon bald nach der Gewinnung diese Änderung der zusammengepreßten, formlosen Masse auf künstlichem Wege durch das sog. „Räuchern" des Rohkautschuks vorgenommen.

Während eine kurzfristige Einwirkung direkter Sonnenbestrahlung keinen nennenswerten Einfluß ausübt, wird bei längerer Belichtung der Rohkautschuk hart und brüchig, so daß die günstigen Elastizitäts- und Dehnungswerte eine beträchtliche Minderung erfahren. Auch das Gewicht nimmt zu, besonders, wenn während der Lagerung noch der Einfluß der Luftfeuchtigkeit hinzukommt. Ganz läßt sich diese mit der Zeit mehr oder weniger stark vorschreitende Alterung bei allen Kautschukgegenständen nicht vermeiden.

Eine wesentliche Förderung fand die technische Anwendung des Kautschuks durch die Erforschung und den Ausbau der Vulkanisierungsverfahren. Man unterscheidet hierbei Kalt- und Heißvulkanisation, schwach- oder starkvulkanisierten Kautschuk. Zu dem schwach vulkanisierten Material gehört das Weichgummi mit einem Schwefelzusatz von ungefähr 5÷10%. Die Haltbarkeit von Weichgummi ist begrenzt durch die je nach der Güte des Materials nach einer Reihe von Monaten oder Jahren einsetzende Oxydation, deren Einwirkung dann deutlich erkennbar wird. Heißvulkanisiertes Weichgummi setzt infolge dieser Oxydation zunächst an der Oberfläche eine klebrige Schicht ab, die im Laufe der Zeit in eine harte, spröde Kruste übergeht; die Kaltvulkanisation wendet man fast ausschließlich für schwachwandige Gegenstände an. Diese werden meist durch Oxydation, zum Teil auch durch eine von innen heraus erfolgende Nachvulkanisation brüchig.

Starkvulkanisierter Kautschuk mit ungefähr 25÷30% Schwefelzusatz hat in der Elektrotechnik unter der Bezeichnung Hartgummi oder Ebonit als hochwertiges Isoliermaterial einen guten Klang; doch hat die früher umfangreiche Verwendung infolge der geringen mechanischen Festigkeit und der schlechten Wärmebeständigkeit eine gewisse Einschränkung erfahren. Vor allem aber bedingt die unangenehme Eigenschaft, sich unter dem Einflusse des Lichtes zu zersetzen, eine Zurückhaltung in der Verwendung des Hartgummis. Sobald starkvulkanisierter Kautschuk viel überschüssigen Schwefel enthält, d. h. freien Schwefel, der durch den Vulkanisierungsvorgang nicht gebunden ist, neigt das Hartgummi unter der Einwirkung des Lichtes besonders stark zum „Ausblühen“; es tritt hierbei an der Oberfläche des Materials eine Schwefelausscheidung ein, durch die sich unter der Einwirkung des Sauerstoffes der Luft Schwefelsäure bildet. Die Folge davon ist eine erhebliche Herabsetzung des Oberflächenwiderstandes, wie es in einer Untersuchung von H. CURTIS[89] treffend zum Ausdruck kommt, aus der die nebenstehende Abb. 12 entnommen ist. Unter dem Einfluß der abgeschiedenen Schwefelsäure werden hochglanzpolierte Teile der Oberfläche stumpf und erhalten ein recht unansehnliches Aussehen, zumal eine gelbliche bis grünlichgraue Verfärbung eintritt. Durch eine von Zeit zu Zeit vorgenommene Reinigung mit Petroleum kann diesem Mißstand begegnet werden.

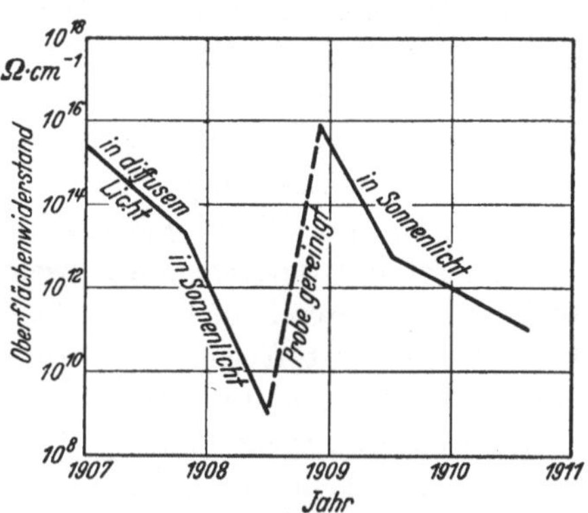

Abb. 12. Einfluß der Belichtung auf den Oberflächenwiderstand von Hartgummi in Abhängigkeit von der Dauer der Einwirkung (nach H. CURTIS).

Auch der **Einfluß der Luftfeuchtigkeit** bietet für Fragen der elektrischen Isolierung eine nicht geringe Schwierigkeit.

So nimmt beispielsweise, um an das zuletzt besprochene Material anzuknüpfen, der in kaltem und warmem Wasser gänzlich unlösliche Rohkautschuk bei längerem Liegen im Wasser erhebliche Mengen davon auf. Ein Versuch, der mit ganz dünnen Streifen ausgeführt wurde, zeigte nach 30tägiger Lagerung in Wasser ein Aufquellen des Rohkautschuks um ungefähr 15%, dessen Wasseraufnahme durch eine Gewichtszunahme um ungefähr 20% gekennzeichnet war.

Besonders für die Verwendung der aus **faserigem Material** aufgebauten Werkstoffe ist der Feuchtigkeitsgehalt der Luft von großer Bedeutung; es ist bekannt, daß der Feuchtigkeitsgehalt der Faserstoffe einen gewissen Gleichgewichtszustand mit der Feuchtigkeit der umgebenden Luft erreicht, der bei Feuchtigkeitsaufnahme schneller eintritt, während die Abgabe der aufgenommenen Feuchtigkeit durch kapillare Kräfte verzögert wird. Daher ist meist der höhere Feuchtigkeitsgehalt der Luft maßgebend für die isolierenden Eigenschaften der Faserstoffe. Hierauf gründet sich auch die Schwierigkeit, die beispielsweise einer umfangreichen Verwendung der Hartpapiere als Stützer oder Durchführungs-Isolatoren im Freileitungsbau[90] entgegensteht. Erwähnt sei noch, daß dieselben

Schwierigkeiten auch bei der Lagerung fertiger Halbfabrikate aus Faserstoffen beobachtet werden müssen. Einen Schutz gegen die Einwirkung der atmosphärischen Feuchtigkeit erreicht man in vielen Fällen durch eine Imprägnierung des Materials, wie beispielsweise im Kondensatorenbau durch Paraffinieren des vorher gut getrockneten Papiers oder durch Tauchen des Papiers in leichtflüssige Ausgußmassen für die Kabelfabrikation. Nicht zu vergessen ist ferner die Feuchtigkeitsaufnahme des Mineralöles bei ungehindertem Luftzutritt, wodurch ebenfalls die isolierenden Eigenschaften beträchtlich herabgesetzt werden.

Einige Bemerkungen noch über die modernen Isolierpreßmassen, für die sich hauptsächlich nach dem Erlöschen der sog. Bakelit-Patente weitgehende Anwendungsgebiete in der Elektrotechnik erschlossen haben. Diese fast ausschließlich auf der Kunstharz- oder Harnstoffbasis aufgebauten Isolierstoffe erhalten durch ein Warmpreßverfahren ihre Formgebung. Da sich hierbei eine verhältnismäßig recht hohe Maßhaltigkeit einhalten läßt, haben sich derartige Teile sowohl im Apparatebau wie auch in der Radiotechnik weitgehend eingeführt, doch muß man eine Nachbearbeitung der schützenden Preßhaut vermeiden, da hierdurch leicht ein Anlaß zu Korrosionserscheinungen an benachbarten Metallteilen gegeben wird. Aber auch Anwendungsgebiete, bei denen diese Preßstoffe der Witterung direkt ausgesetzt sind, lassen sich anführen. So sind beispielsweise Dachständer-Einführungen, Kugelisolatoren und Isolierbolzen für die Oberleitungen elektrischer Straßen- und Grubenbahnen aus derartigen Preßmassen in Gebrauch; auch Isolatoren für Postleitungen sind bereits seit längerer Zeit in größeren Mengen, allerdings nur im Auslande, ohne grund-

Zahlentafel 15. Mechanische und thermische Eigenschaften von Bakelit mit Füllstoffen.

Eigenschaft	Bakelit		
	rein	mit Holzmehl	mit Asbest
Spez. Gewicht	1,3	1,2÷1,4	1,7÷2,0
Zugfestigkeit, kg/cm²	—	315÷420	315÷420
Druckfestigkeit, kg/cm²	—	1750÷2500	1750÷2500
Biegefestigkeit, kg/cm²	—	700÷1050	1050÷2100
Schlagbiegefestigkeit cm · kg/cm²	—	10÷14	15÷25
Lineare Wärmeausdehnung $\beta \cdot 10^6$	33÷37	75	50

legende Bedenken gegen ihre Verwendung eingebaut. Im allgemeinen findet die Verwendung derartiger Teile aus gummifreien Isolierstoffen bei Betriebsspannungen von 1000 V eine obere Grenze.

Einige kennzeichnende Zahlen über mechanische und thermische Eigenschaften von Kunstharzen mit Füllstoffen sind aus der vorstehenden Zusammenstellung der Zahlentafel 15 ersichtlich [91]. Nach den bisher vorliegenden Erfahrungen werden solche Preßstoffe unter Regen bei geringerer Spannung überschlagen als keramische Isolierstoffe gleicher Form; dagegen halten sie einem schnellen Temperaturwechsel besser stand. Über die Einwirkung des Lichtes auf diese Isolierpreßteile liegen Beobachtungen noch nicht vor.

b) Wie hat der Techniker den Begriff „tropensicher" aufzufassen?

Über den Begriff „tropensicher" besteht gegenwärtig noch keine einheitliche Auffassung, so daß es angebracht erscheint, in diesem Zusammenhange etwas näher darauf einzugehen, zumal eine gewisse Klärung mit Rücksicht auf den Vertrieb und die Absatzmöglichkeiten nach diesen Gegenden durchaus erwünscht ist. Wenn nun auch zunächst eine, allen Verhältnissen gerecht werdende Begriffsbestimmung noch nicht erzielt wird, so werden die nachfolgenden Darlegungen doch eine Zusammenstellung derjenigen Gesichtspunkte bieten, die für eine tropensichere Ausführung in Betracht gezogen werden müssen und die als Unterlagen für eine kommende Zusammenarbeit der beteiligten Kreise benutzt werden können.

Von seiten des Herstellers wird bei derartigen Anforderungen zunächst die Frage zu prüfen sein, in welcher Weise die klimatischen Verhältnisse am Verwendungsorte von den als normal angesehenen klimatischen Verhältnissen des Herstellungsortes abweichen. Unter diesem Gesichtspunkt ist sodann die Beurteilung der zur Verwendung kommenden Werkstoffe vorzunehmen hinsichtlich der zu erwartenden Beanspruchungen, und schließlich gilt es noch, das richtige Zusammenarbeiten aller Einzelteile, also die vorliegende Konstruktion als Ganzes zu prüfen unter besonderer Berücksichtigung der am künftigen Verwendungsorte obwaltenden oder wenigstens zu erwartenden Verhältnisse.

Für den mitteleuropäischen Lieferanten aber kommt noch ein ganz wesentlicher Gesichtspunkt zu den vorher aufgeführten Fragen hinzu, da die Ausfuhr fast durchweg auf dem Seewege erfolgen muß, so daß alle Gefahrmomente, die ein Seetransport mit sich bringt, als allererste und dabei nicht geringste Beanspruchung des Ausfuhrgutes in Betracht kommen. Soweit durch die Abmessungen der zu liefernden Fabrikate keine Schwierigkeiten vorliegen, ist man bei elektrotechnischen Erzeugnissen mit der Verwendung verlöteter Metallkisten im allgemeinen recht gut gefahren. Die hier berührte Frage der „seemäßigen Verpackung", die in gleicher Weise auch für viele andere Arbeitsgebiete von großer Bedeutung ist, wurde in dankenswerter Weise von dem Ausschuß für wirtschaftliche Fertigung beim Reichskuratorium für Wirtschaftlichkeit in Bearbeitung genommen und hat ihren Niederschlag gefunden in einem gleichnamigen Büchlein [92], in dem sehr beachtenswerte Leitsätze (wenn auch noch nicht abschließend) in dieser Hinsicht zusammengestellt sind.

Die hier geschilderten Verhältnisse decken sich zum größten Teile mit den Erfahrungen, die man auch in unseren Breiten bei der technischen Verwendung mancher Baustoffe in meeresnahen Gegenden gemacht hat. Ähnlich wie beim Seetransport auch hier eine erhöhte Beanspruchung des Materials in chemischer Beziehung, hervorgerufen allerdings in diesem Falle mehr durch den verhältnismäßig hohen Feuchtigkeitsgehalt der atmosphärischen Luft als durch die hohe Temperatur des Packraumes auf Seeschiffen. Bekannt ist jedenfalls die Erscheinung, daß die korrodierenden Einwirkungen auf die Nichteisenmetalle und auch die Rostbildung des Eisens in Küstengebieten eine bemerkenswerte Steigerung erfahren, die vor allem auch für die elektrisch isolierenden Baustoffe nicht ohne Bedeutung ist.

Doch führen wir die Betrachtungen auf die in tropischen Gegenden herrschenden meteorologischen Verhältnisse zurück, ohne dabei die Erfahrung hintanzusetzen, daß auch in diesen Gegenden die geographische Lage eines Ortes von ausschlaggebender Bedeutung für die klimatischen Verhältnisse ist.

Für die hier vorliegenden Betrachtungen spielen von den meteorologischen Elementen die Temperatur und der Feuchtigkeitsgehalt der Luft eine entscheidende Rolle; und in dieser Beziehung greifen wir zurück auf die Tatsache, daß man es in diesen Gegenden mit verhältnismäßig hohen Temperaturen zu tun hat, gleichzeitig dabei aber auch einen recht hohen Sättigungsgrad der Luft mit

Feuchtigkeit vorfindet, der schon bei gar nicht allzu großen Temperaturschwankungen zur Kondensation führt und dadurch den auffallend starken Taufall herbeiführt, der in der Tropenzone so häufig angetroffen wird.

Als Beispiel hierfür seien die klimatischen Verhältnisse von Batavia (6° 11′ südl. Br.) erwähnt. Die Lufttemperatur hat bei einem Jahresmittel von 26,1° C den Höchstwert der Monatsmittel im Mai und Oktober mit 26,5° C, den Mindestwert aber im Februar mit 25,5 C° und im Juli mit 25,9° C. Die relative Feuchtigkeit erreicht das höchste Monatsmittel mit 87% im Januar, den geringsten Wert aber im September mit 78%.

Das wesentliche Merkmal ist also eine hohe Sättigung der Luft mit Feuchtigkeit bei recht hohen Temperaturen, und nur durch die Höhe der letzteren unterscheidet sich das Klima tropischer Gegenden von dem in außertropischen Ländern bekannten Seeklima. Hierzu kommt aber noch ein anderer Gesichtspunkt. Es spielen nämlich für die Beurteilung der in den Tropen vorliegenden Verhältnisse, soweit wenigstens der Begriff in diesem Zusammenhange aufgefaßt wird, die langfristigen, periodischen Änderungen der meteorologischen Elemente, welche beispielsweise die Einteilung einer warmen und kalten Jahreszeit, einer Regen- und Trockenzeit ergeben, eine geringere Rolle als die im Laufe eines Tages vor sich gehenden Schwankungen dieser Elemente, die gerade in den Grenzgebieten der Tropenzone, die man unwillkürlich in Erweiterung des Begriffes mit hineinbezieht, recht erhebliche Beträge annehmen. Zum großen Teil findet diese Tatsache durch den Umstand seine Erklärung, daß die für eine bestimmte Begrenzung der Tropenzone geltenden Gesichtspunkte sich nicht mit dem Tropenbegriff des Technikers decken, der letztere vielmehr noch einen Teil der angrenzenden Wüsten- und gegebenenfalls auch der Steppenzone hierbei umfassen will. Und dadurch unterliegen in dieser Hinsicht die für die Tropen bestimmten Fabrikate auch den recht erheblichen Temperaturschwankungen innerhalb eines Tages, die über 15° C erreichen können und sich natürlich auch in beträchtlichen Schwankungen der relativen Feuchtigkeit auswirken. Bekannt sind die vielen Expeditionsberichte aus dem inneren Afrika, deren Teilnehmer trotz erheblicher Tageshitze in den Nachtstunden beträchtlichen Kältegraden ausgesetzt waren.

Als weiterer Punkt ist dann noch die lebhafte Ozonbildung bei den recht ergiebigen tropischen Gewittern zu beachten, für die man einen gewissen Anhalt durch die Zahl der Gewittertage im Jahre erhält. Diese beträgt beispielsweise zu Bismarckburg 167, Batavia 133, Mexiko 127, Quito 111 und als Vergleich Wien 18 Tage.

Auch die Stärke der Niederschläge erreicht wesentlich größere Beträge als in der gemäßigten Zone, da die Niederschlagsmenge um so größer ausfällt, je höher die Temperatur liegt, bei der die Luft mit Wasserdampf gesättigt ist. Die untenstehende Zusammenstellung der Zahlentafel 16 läßt dies deutlich erkennen, in der die sog. Regendichte, das ist die an einem Regentage gefallene Regenmenge, zum Vergleich benutzt worden ist.

Diesen Beanspruchungen sind also die verwendeten Baustoffe und die ganze Konstruktion unterworfen. Die klimatischen Verhältnisse bedingen daher ein lebhaftes Arbeiten des Materials und der einzelnen Konstruktionsteile. In Hinblick auf den hohen Feuchtigkeitsgehalt der Luft gilt es bei der Auswahl elektrisch isolierender Materialien große Vorsicht walten zu lassen, da manche Stoffgruppen, wie beispielsweise ungeschützte Faserstoffe, unter den vorliegenden Verhältnissen sehr bald versagen würden. Weitere Angaben über das Verhalten bestimmter Baustoffe müssen zur Zeit leider unterbleiben, da sich die verschiedenen Firmen über diese Frage gegenwärtig noch recht zurückhaltend äußern und in Veröffentlichungen nur sehr selten für die Tropen bestimmte Ausführungen erwähnt werden.

Zahlentafel 16. Werte der Regendichte zu Batavia und Berlin.

Ort	Jährliche Regenmenge mm	Regendichte, mm/Regentag		
		Höchstwert	Mindestwert	Jahresmittel
Batavia	1800	15,6 (I, II)	7,8 (VII, VIII)	11,6
Berlin	580	5,2 (VI, VII)	2,7 (I, II)	3,6

Eine weitere Folge der hohen Lufttemperatur ist die notwendige Herabsetzung der zulässigen Erwärmung.

Außer diesen chemischen und thermischen Einwirkungen unterliegen die in tropischen Gegenden arbeitenden Fabrikate noch weiteren Sonderansprüchen, denen man im Klimagebiet der gemäßigten Zone im allgemeinen keine Rechnung zu tragen braucht. Soweit nämlich derartige Erzeugnisse in den Grenzgebieten der eigentlichen Tropenzone zur Verwendung kommen und zum Teil den Einflüssen der Wüsten- und Steppenzone unterliegen, erschweren Flugsand und fein verteilter Staub die Arbeitsweise in recht unerwünschter Weise. Nur gutschließende Abdichtungen können in dieser Beziehung als hinreichender Schutz angesprochen werden.

Als weiteres schädigendes Moment hat der Betriebstechniker in diesen Gegenden das Vorhandensein gewisser Insekten aufzufassen. Ein Teil dieser Tiere schädigt mit den vortrefflich ausgebildeten Schneidwerkzeugen durch Anbohren die Bewehrung und Isolation von Kabeln und ähnlichen Armaturteilen in gleicher Weise, wie uns aus mitteleuropäischen Gebieten die zerstörende Wirksamkeit der Ratten bei manchem umpreßten Bleikabel bekannt ist. Dabei bringt die durch nichts gehinderte Siedlungstätigkeit der Termiten, die weder vor dem einfachen Telephonhörer noch vor dem schwierigsten Freileitungsisolator halt macht, Gefahren mit sich. So mancher gute Isolator hat auf diese Weise schon ein frühzeitiges Ende gefunden.

IV. Der Einfluß meteorologischer Elemente auf die Meßtechnik.

Galten die bisherigen Betrachtungen in der Hauptsache dem Einwirken der Witterung auf elektrische Anlagen und die hierbei verwendeten Werkstoffe, so muß auch bei rein meßtechnischen Fragen mitunter dem Zustande der uns umgebenden Luft Rechnung getragen werden. Zum Nachweis dieser Tatsache wurden drei Fragen ausgewählt, die nachstehend als Beispiele für den Einfluß der meteorologischen Elemente auf die elektrotechnische Meßtechnik dienen sollen.

1. Die Abhängigkeit der Kugelfunkenstrecke von den meteorologischen Faktoren.

In der Meßtechnik hat sich im Laufe der letzten Jahre die Kugelfunkenstrecke für die Ermittlung höherer Spannungen eine bevorzugte Stellung erobert, nachdem sich die Erkenntnis Bahn gebrochen hatte, daß man durch dieses Meßverfahren ein geeignetes Hilfsmittel an der Hand hat, mit dem man unter Berücksichtigung der erforderlichen Vorsichtsmaßregeln recht gut reproduzierbare

Werte der Hochspannung ermitteln kann. Besonders bei dem Vorschreiten zu immer höheren Betriebsspannungen hat sich mit ihr ein sehr brauchbares Prüfverfahren durchbilden lassen, das vor allem bei der Überprüfung vorgeschriebener Abnahmebedingungen, wie z.B. von Isolatoren und anderen Einzelteilen der Hochspannungsanlagen, unschätzbare Dienste leistet. In dieser Beziehung hat die Kugelfunkenstrecke sowohl die früher zuweilen benutzte Nadelfunkenstrecke, deren Ergebnisse jedoch von der herrschenden Luftfeuchtigkeit und von der vorliegenden Frequenz stark beeinflußt wurden, wie auch die an sich störungsfreie und der theoretischen Behandlung gut zugängliche Zylinderfunkenstrecke, die aber bei höheren Spannungen recht unhandlich wird, völlig aus dem Felde geschlagen.

Der wesentliche Aufbau einer Kugelfunkenstrecke kann der Hauptsache nach als bekannt vorausgesetzt werden: zwei meist nebeneinander angeordnete Kugeln, deren gegenseitiger Abstand mit Hilfe eines feingeteilten Maßstabes eingestellt werden kann. Der Durchmesser dieser Prüfkugeln muß entsprechend der Höhe der zu messenden Spannung gewählt sein, da man mit Rücksicht auf die Feldverteilung zwischen den beiden Kugeln nicht über einen bestimmten Abstand hinausgehen darf; im allgemeinen soll man bei gegebener Kugelgröße nach Möglichkeit den gewählten Abstand nicht größer als den Durchmesser der Kugel wählen, da nur dann die Gewähr gegeben ist, daß die beobachtete Funkenspannung tatsächlich als scharf ausgeprägte Anfangsspannung einsetzt und nicht durch Korona- und Büschelentladungen entstellt wird. Man muß daher, wenn man nach diesem Meßverfahren ein größeres Spannungsbereich umfassen will, Funkenstrecken mit verschieden großen Kugeldurchmessern in Bereitschaft halten. Aus diesem Grunde hat man sich in den vom VDE aufgestellten „Regeln für Spannungsmessungen mit der Kugelfunkenstrecke in Luft“ [93] auf folgende Kugeldurchmesser geeinigt: 5, 10, 15, 25, 50, 75 und 100 cm. Dem eingestellten Abstand entsprechend erfolgt für die jeweils benutzte Kugelgröße das Ansprechen der Kugelfunkenstrecke bei einer ganz bestimmten Spannung, die einen Rückschluß auf die bei der Prüfung herrschende Spannung zuläßt, im übrigen aber sowohl von den gewählten Verhältnissen wie auch von den vorliegenden meteorologischen Bedingungen (Luftdichte) abhängt, auf die wir noch näher eingehen werden.

Eine Kugelfunkenstrecke spricht bei dem Scheitelwert der Spannung an, so daß man bei der Messung zunächst diesen Wert ermittelt. Nachdem man aber erkannt hat, daß für das Verhalten der festen und flüssigen Isoliermaterialien bei bestehender Spannungsbeanspruchung nicht die Scheitelspannung, sondern vielmehr (unter Berücksichtigung der auftretenden Erwärmung und der dadurch hervorgerufenen Verminderung der dielektrischen Festigkeit) der effektive Wert der Spannung ausschlaggebend ist, gibt man die ermittelten Werte fast ausschließlich in kV_{eff} an. Es wird dabei allerdings die Voraussetzung gemacht, daß die zu messende Spannung als reine Sinusschwingung anzusehen ist, denn nur in diesem Falle gelten die bekannten, eindeutigen Beziehungen zwischen der Scheitelspannung und dem effektiven Wert der Spannung. Im allgemeinen wird es sich bei der Verwendung von Kugelfunkenstrecken um Wechselspannungen üblicher Niederfrequenz handeln; für hochfrequente Schwingungen wird die Anwendung dieses Meßverfahrens bei Schwingungen über 10^6 Hertz eine obere Grenze finden. Daß der einwandfreien Beschaffenheit der Elektroden, für die man gewöhnlich Kupferkugeln verwendet, besondere Aufmerksamkeit zu schenken ist, wird verständlich, wenn man die Erfahrungstatsache berücksichtigt, daß nicht allein Staubteilchen auf den Kugeloberflächen eine gewisse Verzerrung der Spannungsverteilung hervorrufen können, sondern auch oxydierte Teile der Oberfläche an den Aufsatzstellen des elektrischen Funkens den Verlauf der Potentiallinien recht wesentlich verändern. Auf eine Wirkung der Elektrodenoberfläche wird auch der besonders bei geringeren Feldstärken ins Gewicht fallende Entladeverzug zurückgeführt, so daß zur Vermeidung dieses Einflusses bei Spannungen unter 30 kV_{eff} eine künstliche Ionisierung der Luft durch Bestrahlen der Kugelfunkenstrecken mit ultraviolettem Licht empfohlen wird. Bei der Auswertung der Meßergebnisse ist zu berücksichtigen, ob bei der Prüfung die sog. symmetrische Spannungsverteilung zur Anwendung kam, bei der jede der Kugeln isoliert und die Mitte der Hochspannungswicklung an Erde gelegt ist, oder mit der unsymmetrischen Spannungsverteilung unter Erdung der einen Kugelelektrode gearbeitet wurde.

Der wesentliche Vorzug der Kugelfunkenstrecke findet, wie schon erwähnt, besonders darin seine Begründung, daß dieses Meßverfahren nicht nur für technisch-wissenschaftliche Untersuchungen in Betracht kommt und ein verhältnismäßig leicht zu handhabendes Hilfsmittel zur Überprüfung der laufenden Fabrikation an die Hand gibt, sondern daß vor allem die physikalische Wirkungsweise der Kugelfunkenstrecke auch der theoretischen Behandlung durchaus zugänglich ist. In dieser Beziehung stoßen wir beim Überblicken der vorliegenden Literatur auf die Namen der bekanntesten Fachmänner auf diesem Gebiete. Eine kleine Auswahl aus der großen Anzahl der einschlägigen Veröffentlichungen ist in dem Schrifttum unter 94 zusammengestellt.

Die nachstehenden Ausführungen schließen sich im wesentlichen dem Gedankengange von F. PEEK an, dessen grundlegende Untersuchungen zwar zunächst nur dem Nachweis der Überlegenheit einer Kugelfunkenstrecke gegenüber den von amerikanischer Seite so vielfach verwendeten Nadelfunkenstrecken galt, dessen Ausführungen aber bahnbrechend für die weitgehende Einführung und Benutzung der Kugelfunkenstrecke geworden sind.

Die theoretischen Betrachtungen gehen aus von der elektrischen Feldstärke an der Elektrodenoberfläche, wo der Durchbruch der Luft erfolgt. Der mathematische Zusammenhang zwischen der Feldstärke E_{eff} und dem Kugeldurchmesser D in Zentimeter bei der relativen Luftdichte δ ist durch die Beziehung gegeben

$$E_{\text{eff}} = 19{,}62 \cdot \delta \cdot \left[1 + \frac{0{,}757}{\sqrt{\delta \cdot D}}\right] \text{kV}_{\text{eff}}/\text{cm}.$$

Diese Gleichung läßt schon den Einfluß der relativen Luftdichte, den wir weiter unten noch näher betrachten müssen, auf die Größe der elektrischen Feldstärke erkennen. Bei diesen einführenden Betrachtungen wird zunächst die relative Luftdichte $\delta = 1$ (für einen Luftdruck von 760 mm Hg bei einer Temperatur von 20° C) angenommen. Aus dieser Feldstärke ergibt sich für einen bestimmten Elektrodenabstand x in Zentimeter die vorliegende Überschlagspannung U_{eff} durch die Gleichung

$$U_{\text{eff}} = E_{\text{eff}} \cdot \frac{x}{f} \text{kV}_{\text{eff}}\,.$$

Der Beiwert f stellt einen Formfaktor dar, der sowohl dem gewählten Elektrodenabstand und Kugeldurchmesser wie auch der bei der Messung vorliegenden Spannungsverteilung Rechnung trägt. Die mathematische Entwicklung dieses Faktors f führt bei symmetrischer Spannungsverteilung (beide Kugeln isoliert) zu einem Ausdruck, der seine Abhängigkeit von dem Verhältnis des

Elektrodenabstandes zum Kugeldurchmesser zeigt. Daher gibt man den Wert f meist in Abhängigkeit von diesem Verhältnis an, wie aus der nebenstehenden Zahlentafel 17 zu ersehen ist. Die Werte bei unsymmetrischer Spannungsverteilung (eine Elektrode geerdet) sind durch Versuche ermittelt worden.

Die Größe der elektrischen Feldstärke ist nun aber, wie wir aus der obigen Gleichung gesehen haben, von den vorliegenden meteorologischen Bedingungen abhängig, da die relative Luftdichte δ bedingt ist durch den herrschenden Luftdruck b' und den Wert der absoluten Temperatur $(273 + t')$. Bezogen auf die oben angegebenen Normalwerte ergibt sich für die relative Luftdichte

$$\delta = \frac{b'}{760} \cdot \frac{273 + 20}{273 + t'} = 0{,}386 \cdot \frac{b'}{273 + t'}\,.$$

Zahlenwerte für dieses Verhältnis finden sich an vielen Stellen (z. B. in dem unter 93 des Schrifttums genannten Buche) veröffentlicht, so daß hier auf eine Wiedergabe der Zahlentafel verzichtet werden kann. Bei einer Änderung der relativen Luftdichte im Bereich von 0,9÷1,1 kann die Umrechnung der elektrischen Feldstärke mit einer für praktische Messungen hinreichenden Genauigkeit proportional der Luftdichte gemäß der obigen Formel erfolgen. Eine Zunahme der relativen Luftdichte wirkt sich daher, wie aus der Zahlentafel 18 zu entnehmen ist, in einer Erhöhung der elektrischen Feldstärke aus und damit auch in einer Heraufsetzung der Überschlagspannung. Ein gewisser Zusammenhang mit den bereits früher behandelten Koronaerscheinungen an Freileitungen in größerer Höhenlage über dem Meeresspiegel ist daher nicht zu verkennen, ebenso wie auch die Meßergebnisse der Kugelfunkenstrecke in gleicher Weise durch die Seehöhe beeinträchtigt werden.

Zahlentafel 17. Werte des Korrekturfaktors f von Kugelfunkenstrecken bei symmetrischer und unsymmetrischer Spannungsverteilung (nach dem Vorschriftenbuch des VDE).

Spannungsverteilung	Verhältnis, Schlagweite : Kugeldurchmesser										
	0,00	0,05	0,10	0,15	0,20	0,25	0,30	0,40	0,50	0,70	1,00
Symmetrisch . .	1,000	1,034	1,068	1,102	1,137	1,173	1,208	1,283	1,359	(1,515)	(1,770)
Unsymmetrisch.	1,000	1,035	—	1,105	—	1,18	—	—	1,41	—	(1,965)

Zahlentafel 18. Überschlagfestigkeit E_{eff} (in kV_{eff}/cm) von Kugelfunkenstrecken mit verschiedenen Durchmessern bei geänderter relativer Luftdichte.

Kugeldurchmesser D cm	Relative Luftdichte δ =										
	0,90	0,92	0,94	0,96	0,98	1,00	1,02	1,04	1,06	1,08	1,10
5	23,96	24,41	24,87	25,32	25,78	26,33	26,69	27,15	27,61	28,07	28,53
10	22,12	22,55	22,99	23,43	23,88	24,31	24,75	25,18	25,62	26,06	26,50
15	21,28	21,71	22,14	22,57	23,01	23,45	23,89	24,31	24,74	25,17	25,60
25	20,48	20,90	21,32	21,74	22,17	22,59	23,01	23,43	23,85	24,27	24,69
50	19,65	20,06	20,48	20,89	21,30	21,71	22,13	22,54	22,95	23,35	23,76
75	19,28	19,69	20,10	20,51	20,92	21,32	21,73	22,14	22,56	22,96	23,37
100	19,07	19,47	19,88	20,28	20,69	21,10	21,51	21,92	22,33	22,73	23,14

Aber nicht nur für die Meßtechnik haben die Funkenstrecken eine Bedeutung erlangt. So haben beispielsweise Schutzfunkenstrecken die Aufgabe, die in einem Verteilungsnetz auftretenden Überspannungen auf ein ungefährliches Maß zu begrenzen; auf derselben Grundlage beruht auch der bekannte Hörnerblitzableiter. Hierher gehören auch die besonders in Amerika gebräuchlichen Schaltfunkenstrecken, durch die beim Auftreten unzulässiger Spannungen Überspannungs-Schutzapparate an das Netz gelegt werden.

2. Die Korrektur von Thermoelementen bei Temperaturschwankungen an der kalten Lötstelle.

Unter den Verfahren, die der Bestimmung höherer Temperaturen auf direktem Wege dienen, nehmen die Thermoelemente eine bedeutsame Stellung ein; die umfangreiche Verwendung verdanken sie nicht nur der Tatsache, daß sich dieses Meßverfahren ohne größere Schwierigkeiten auch in der Praxis überführen ließ, sondern vor allem einer Reihe von Vorzügen, die meßtechnisch betrachtet den Ergebnissen eine gewisse Stetigkeit und Sicherheit verleihen.

Ganz kurz seien daher diese Vorteile zusammengestellt: durch die punktförmige Ausbildung der Löt- oder Schweißstellen wird der Platzbedarf bei der Verwendung eines Thermoelementes ganz beträchtlich herabgesetzt und der Einbau derartiger Meßelemente auch an schwer zugänglichen und sehr eng bemessenen Stellen begünstigt. Die Vereinigung des temperaturempfindlichen Teiles eines solchen Thermoelementes in der warmen Lötstelle schafft die Möglichkeit einer Temperaturmessung gewissermaßen an einem Punkte; dazu kommt ferner, daß im Gegensatz zu anderen Verfahren direkter Temperaturbestimmungen bei einem Thermoelement an der Prüfstelle nur eine verhältnismäßig geringe Materialanhäufung erfolgt, die daher auch nur einen kleinen thermischen Eigenverbrauch besitzt und ebenso nur geringfügige Änderungen der vorliegenden Wärmeverteilung an der Prüfstelle verursacht. Der Wissenschaftler hat in den Thermoelementen ein Hilfsmittel gefunden zur genauen Bestimmung von Temperaturen und geringen Temperaturunterschieden, während der Praktiker an diesem Meßverfahren außerdem noch das Fortfallen einer besonderen Stromquelle schätzt.

Die allgemeine Grundlage der Temperaturbestimmung mit Hilfe eines Thermoelementes kann an dieser Stelle als bekannt vorausgesetzt werden. Die in einer aus zwei verschiedenen Metallen zusammengesetzten, in sich geschlossenen Leitung durch das Erwärmen oder Abkühlen der einen Lötstelle auftretende elektrische Spannungsdifferenz wird als Maß für den zwischen den beiden Lötstellen bestehenden Temperaturunterschied benutzt. Die Größe dieser sog. thermoelektrischen Kraft ist einmal abhängig von der zwischen den beiden Lötstellen vorhandenen Temperaturdifferenz und andererseits gegeben durch die gewählten beiden Metalle. Je nach dem Verwendungszweck werden Thermoelemente aus unedlen und edlen Metallen benutzt. Über die obere Grenze ihrer Verwendbarkeit sind wir durch eine umfangreiche Untersuchung von F. Hoffmann[95] recht genau unterrichtet, auf die wegen der Einzelheiten für verschiedene Zusammenstellungen verwiesen werden kann.

Wir haben gesehen, daß man mit einem Thermoelement den Temperaturunterschied zwischen den beiden Lötstellen eines thermoelektrischen Kreises ermittelt. Während hierbei die Temperatur der warmen Lötstelle durch den zu prüfenden Gegenstand selbst bedingt ist, erfordert die kalte Lötstelle eine Berücksichtigung gewisser Vorsichtsmaßregeln, auf die wir noch zu sprechen kommen werden, zuvor jedoch uns einen Überblick über die Bedeutung der kalten Lötstelle verschaffen wollen.

Im allgemeinen bezieht man die Beobachtungen eines Thermoelementes auf eine Temperatur der kalten Lötstelle von 0° C; es finden sich jedoch gerade bei den für technische Messungen bestimmten Thermoelementen auch solche, für deren Eichung eine Bezugstemperatur von 20° C zugrunde gelegt ist. Selbstverständlich spielt das Einhalten dieser Bezugstemperatur für die erzielte Genauigkeit der Messung eine wichtige Rolle.

Bei Laboratoriumsmessungen und ähnlichen kurzfristigen Messungen bietet das Einhalten der erforderlichen Konstanz der kalten Lötstelle keine nennenswerte Schwierigkeit, da hier geeignete Hilfsmittel zur Hand sind, die Temperatur durch bestimmte Bäder oder in schmelzendem Eis auf dem gewünschten Betrag zu halten. Da die meisten Untersuchungen über Thermoelemente vom rein wissenschaftlichen Standpunkt aus durchgeführt sind, ist man bei den betreffenden Veröffentlichungen nur recht selten auf die Korrekturen durch die kalte Lötstelle eingegangen; jedenfalls wird der angehende Meßtechniker nur selten mit dem nötigen Nachdruck auf diese Verhältnisse hingewiesen, wie es für die Beurteilung der erreichbaren Genauigkeit erforderlich wäre. Und doch gewinnen diese Korrekturen an Bedeutung, wenn es sich um technische Betriebseinrichtungen handelt, die entweder für langwährende Messungen bestimmt oder für dauernden Gebrauch eingebaut sind. Daher macht sich die Auswirkung derartiger Temperaturschwankungen an der kalten Lötstelle besonders bei aufzeichnenden Einrichtungen geltend, indem der tägliche und jährliche Gang der Lufttemperatur noch den betreffenden Aufzeichnungen überlagert ist.

Auf Grund einer einfachen Überlegung läßt sich sagen, daß bei einer Temperaturerhöhung der kalten Lötstelle die Temperaturmessung einen zu geringen Betrag ergibt, der durch eine positive Korrektur an dem Meßergebnis ausgeglichen werden muß. Diese Berichtigung hat nicht für alle Elemente den gleichen Wert, sondern ist abhängig von der thermoelektrischen Kraft des benutzten Elementes; für ein ganz bestimmtes Thermoelement aber wächst die Korrektur mit der Temperaturabweichung an der kalten Lötstelle von der normalen Bezugstemperatur. Sie nimmt dagegen ab mit der Höhe der zu messenden Temperatur. Einen kleinen Begriff von diesen Verhältnissen erhält man aus der nachstehenden Zahlentafel 19, die für ein besonders bei hohen Temperaturen häufig benutztes Thermoelement (Platin gegen eine Legierung von 90% Platin mit 10% Rhodium) sowohl die thermoelektrische Spannung bei verschiedenen Temperaturen wie auch die Größe des Korrektur-

Zahlentafel 19. Thermokraft und Korrekturfaktor f der kalten Lötstelle eines Thermoelementes aus Platin/Platin-Rhodium (10%).

Temperatur t° C	Thermokraft μV	Temperatur der kalten Lötstelle 5°	10°	15°	20°	25°	30°
100	710	0,77	0,78	0,80	0,81	0,82	0,83
200	1 485	65	66	67	68	69	70
300	2 325	60	61	62	63	64	66
400	3 225	58	59	60	61	62	63
500	4 180	56	57	58	59	60	61
600	5 180	55	56	57	57	58	59
700	6 225	53	54	55	55	56	57
800	7 310	52	52	53	54	55	55
900	8 425	50	51	51	52	53	53
1000	9 570	49	49	50	50	51	51
1200	11 925	48	48	49	49	50	50
1400	14 335	47	47	48	48	49	49
1600	16 750	0,46	0,46	0,47	0,48	0,48	0,49

faktors f bei verschiedenen Temperaturerhöhungen der kalten Lötstelle ersehen läßt. Aus diesen Werten ergibt sich der als Berichtigung dem Meßergebnis zuzuzählende Betrag der Temperatur durch die Beziehung $k = f(t - t_0)$, wo f aus der Zahlentafel 19 entsprechend der Temperatur der warmen Lötstelle und der Übertemperatur t der kalten Lötstelle (gegebenenfalls durch Interpolation) zu entnehmen ist; in dieser Zahlentafel ist die Bezugstemperatur $t_0 = 0°$ C.

Die Abnahme des Korrekturfaktors f mit steigender Temperatur der warmen Lötstelle ist dadurch bedingt, daß der Anstieg der Thermokraft in diesem Falle nicht gleichmäßig, sondern nach einer Funktion dritten Grades der Temperatur erfolgt; bei linearem Anstieg der Thermokraft mit der Temperatur würde auch der Korrekturfaktor f konstant den Wert 1 behalten.

Aus den Werten der beigefügten Zahlentafel können wir nun schon einen Schluß ziehen auf die Art der Beeinflussung derartiger Meßergebnisse durch die periodischen Schwankungen der Lufttemperatur. Bei einem auf 0° C bezogenen Thermoelement werden in der warmen Jahreszeit größere Korrekturen zu erwarten sein als in der kalten. Da man nun bei technischen Arbeiten in den meisten Fällen die Messungen mit Thermoelementen in abgeschlossenen Räumen vornimmt, die an sich schon nicht so sehr den

Schwankungen der Außenluft unterworfen sind und vielfach durch die Wärmeabgabe der vorhandenen Maschinen noch eine gewisse zusätzliche Erwärmung besitzen, hat man schon dadurch, falls man nicht zu einem der folgend angegebenen Verfahren übergehen will, eine gewisse Verbesserung geschaffen, daß man als Bezugstemperatur des Thermoelementes eine Temperatur von 20° C wählt; ausgeschaltet hat man dadurch die Schwankungen natürlich nicht, sondern nur der Größe nach relativ verkleinert.

In technischen Betrieben wächst aber die Anforderung auf Einhaltung genauer Temperaturen ständig; so sei als Beispiel nur an die Härtungsvorschriften für die modernen Kobaltmagnetstähle erinnert, für die von den liefernden Firmen in der Gegend von 1000° C nur ein Spielraum von 10° C, das ist 1%, zugelassen wird. Auch die Wärmebehandlung der neuzeitlichen Nickel-Eisenlegierungen mit hoher Permeabilität bei geringer Feldstärke stellt in dieser Beziehung die Meßtechnik vor recht schwierige Aufgaben.

Bei den Verfahren, die man in der Technik zur Vermeidung oder Verminderung des Einflusses der kalten Lötstelle benutzt, kommen der Hauptsache nach drei verschiedene Gesichtspunkte in Betracht, die im einzelnen hier kurz gestreift werden sollen. Weitere Unterlagen findet man zugleich mit einer kritischen Würdigung der einzelnen Verfahren in einem Buche von G. KEINATH[96].

Es liegt nahe, auch für technische Einrichtungen den bei Messungen im Laboratorium benutzten Grundsatz in Anwendung zu bringen, daß die kalte Lötstelle während der Messung auf einer ganz bestimmten Temperatur gehalten wird. Hierzu gibt uns die Abb. 13 ein Bild von der Abnahme der jährlichen Wärmeschwankung mit zunehmender Bodentiefe. Von dieser Erkenntnis macht man in der Praxis tatsächlich häufig Gebrauch und verlegt die kalte Lötstelle mehrere Meter unter die Erdoberfläche, so daß die täglichen Temperaturschwankungen überhaupt nicht zur Auswirkung kommen, die jährlichen aber auf ein ganz geringes Maß beschränkt werden. Dem gleichen Zweck dient ein anderes, allerdings etwas teureres Verfahren, bei dem die kalte Lötstelle in das Innere eines Thermostaten verlegt ist, der durch elektrische Heizung auf eine ganz bestimmte Temperatur (mit Schwankungen von ungefähr 1÷2° C) geregelt wird.

Weiterhin läßt sich die erforderliche Berichtigung auch durch das anzeigende Instrument selbst erreichen. Man benutzt dann nicht, wie sonst üblich, eine feste Nullpunkteinstellung des Instrumentes, sondern verbindet das Federende des anzeigenden Systems mit einem temperaturabhängigen Bimetallstreifen, der eine selbsttätige Verstellung des Nullpunktes entsprechend der Übertempe-

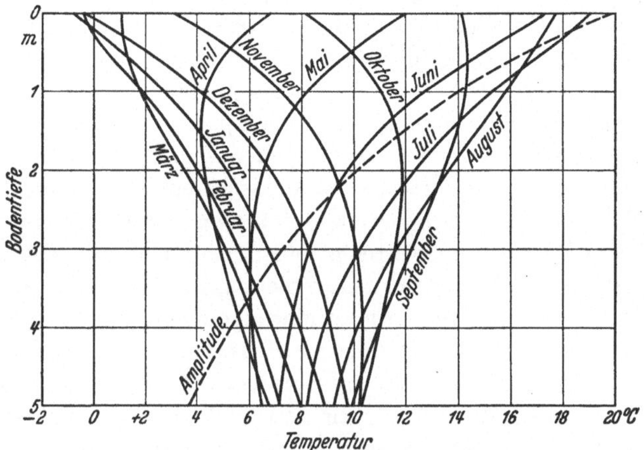

Abb. 13. Jährlicher Gang der Bodentemperatur zu Königsberg/Pr. in verschiedenen Tiefen des Erdbodens (nach E. LEYST).

ratur der kalten Lötstelle bewirkt. Bekannt sind ferner anzeigende Instrumente, die eine mehrfache Skala tragen. Die Ablesung erfolgt dann auf derjenigen Skalenteilung, die der jeweils herrschenden Temperatur der kalten Lötstelle entspricht.

Und schließlich ist noch das Verfahren zu erwähnen, durch besondere Schaltungen den Einfluß der kalten Lötstelle auf die Anzeige des Instrumentes zu vermeiden. Allerdings muß hierbei darauf hingewiesen werden, daß die Verwendung temperaturabhängiger Vor- oder Nebenwiderstände nur dann mit Erfolg als brauchbares Hilfsmittel angewendet werden kann, wenn es sich bei den technischen Einrichtungen um die Kontrolle stets derselben Temperatur der heißen Lötstelle handelt, also beispielsweise um die Überwachung einer bestimmten Temperatur in einem Härteofen.

3. Zur Konstanz der Manganinwiderstände.

Die nachfolgenden Ausführungen besitzen zwar gegenwärtig nur noch historische Bedeutung, umschließen aber ein treffendes

Bild von der unvermeidlichen Verquickung technischer Fragen mit den meteorologischen Vorgängen unserer Umgebung.

Als es sich gegen Ende des vergangenen Jahrhunderts darum handelte, für meßtechnische Zwecke normale Widerstände bestimmter Werte zu fertigen, hatte sich auf Grund sehr ausgedehnter Untersuchungen die Legierung Manganin als günstigstes Widerstandsmaterial erwiesen, zumal der hohe Widerstand eine recht gedrungene Bemessung der Ausführung erlaubt und der sehr kleine Temperaturkoeffizient eine nur geringfügige Abhängigkeit des Widerstandes von der herrschenden Temperatur verbürgt. Sobald man aber über die Größe dieses Temperaturkoeffizienten unterrichtet ist, bietet natürlich die Berücksichtigung dieses Einflusses keine Schwierigkeit. Schwierigkeiten treten erst auf, sobald Änderungen des Widerstandswertes erfolgen, die nicht mit diesen normalen Wärmeänderungen zusammenhängen, sondern unregelmäßiger Natur sind. Derartige Änderungen wurden nun in der Tat beobachtet und von E. Rosa und H. Babcock[97] zunächst dem Widerstandsmaterial selbst zugeschrieben. Es handelte sich hierbei um Widerstandsnormale, die sowohl in London wie auch im Bureau of Standards in Washington zu vergleichenden Präzisionsmessungen verwendet werden sollten; besonders auffallend war hierbei der Umstand, daß auch Widerstände, für deren Herstellung man das Widerstandsmaterial aus Deutschland bezogen hatte, größere Abweichungen zeigte als in dem Lande seiner Herkunft. Die Größe dieser Schwankungen betrug zwischen 0,01 und 0,02% des Sollwertes. Es wurde ferner festgestellt, daß die beobachteten Abweichungen bei Widerständen höherer Ohmzahl größere Beträge ausmachten als bei Normalen geringeren Widerstandes; die Abweichungen waren außerdem im Sommer größer als in der kalten Jahreszeit.

Eine Erklärung fanden diese auffallenden Erscheinungen erst durch die Erkenntnis, daß die festgestellten Schwankungen in einem gewissen Zusammenhange stehen mit der jeweils herrschenden Luftfeuchtigkeit. Zu dieser Klärung haben besonders die eingehenden Arbeiten von W. Jaeger und St. Lindeck[98] beigetragen, die dadurch nachweisen konnten, daß die beobachteten Widerstandsänderungen nicht etwa dem verwendeten Material zugeschrieben werden müssen, sondern, daß in der Herstellungsweise der Widerstände die Ursache für die erwähnten Erscheinungen zu suchen ist.

Bei dieser Herstellungsart sind die Widerstandsdrähte nämlich in eine starke Lage von Schellack eingebettet, der in diesem Falle den bezweckten Abschluß gegen äußere Einflüsse nicht erfüllen kann. Denn der Schellack ist stark hygroskopisch und dehnt sich entsprechend der aufgenommenen Feuchtigkeit, wie viele Materialien, aus, um gleichzeitig dabei in dieser Anordnung eine Zugbeanspruchung auf die Drähte und damit eine Längenänderung, die sich besonders bei den feineren Drähten bemerkbar macht, hervorzurufen.

Eine genaue Gegenüberstellung der klimatischen Verhältnisse in Washington und Berlin zeitigte dann auch die bestätigende Feststellung, daß die Luftfeuchtigkeit an dem erstgenannten Orte für längere Zeiten des Jahres so extreme Werte annimmt, wie sie in Berlin nicht erreicht werden.

Eine Abhilfe gegen die beobachteten Widerstandsschwankungen würde bereits durch die damals vorgeschlagene Imprägnierung der Spulen mit Paraffin zu erreichen sein, doch ist dabei zu bedenken, daß dann die Spulen nicht in einem Ölbade verwendet werden können. Günstiger ist es, derartige Widerstandsnormale in einem Raume mit konstanter Feuchtigkeit aufzubewahren und zu verwenden.

Verzeichnis des Schrifttums.

1. Hann, Julius von: Lehrbuch der Meteorologie. Leipzig: Ch. H. Tauchnitz 1926.
2. Linke, F.: Luftelektrische Messungen bei zwölf Ballonfahrten. Abhandlg. Kgl. Ges. Wiss. Göttingen, Bd. 3, Nr. 5, S. 76.
3. Elster, J. u. H. Geitel: Beobachtungen des atmosphärischen Potentialgefälles und der ultravioletten Sonnenstrahlung. Wiener Sitzungsber. 1892, IIa, Bd. 101, S. 703.
4. Hess, V.: Über die Verteilung radioaktiver Gase in der freien Atmosphäre. Physik. Z. 1918 S. 109.
5. Kolhörster, W.: Die durchdringende Strahlung der Atmosphäre. Hamburg: H. Grand 1924.
6. Hess, V.: Die elektrische Leitfähigkeit der Atmosphäre und ihre Ursachen. Braunschweig: Fr. Vieweg & Sohn 1926.
7. Gschwend, P.: Beobachtungen über die elektrischen Ladungen einzelner Regentropfen und Schneeflocken. Jb. Radioakt. u. Elektr. Bd. 17 (1920) S. 62.
8. Zusammenfassende Bearbeitungen dieser Erscheinungen: K. Kähler, Die Elektrizität der Gewitter. Berlin: Gebr. Bornträger 1924. — A. Gockel, Das Gewitter. Berlin: F. Dümmler 1925.
9. Emde, F.: Die Schwingungszahl des Blitzes. ETZ 1910 S. 675. — J. Mayer: Über den oszillatorischen Charakter des Blitzes. Meteorol. Z. 1913 S. 417.
10. Brand, W.: Der Kugelblitz. Hamburg: H. Grand 1923.
11. Hemstreet, J.: Electr. Wld. Bd. 87 (1926) S. 717. — Vgl. dazu M. Sindeband u. P. Sporn, J. Amer. Inst. Electr. Engr. 1926 S. 641.
12. Rachel, A.: Höchstspannungsfragen und Nullpunkterdung. ETZ 1926 S. 289, 333.
13. Jaeger, M.: Hilfstabellen für Freileitungen. Berlin: Selbstverlag.
14. Edler, R.: Grundlagen für die Berechnung des Durchhanges und der Beanspruchung von Freileitungen. Leipzig: M. Jaenecke 1924. — Durchhangstafeln für Kupferdrähte und Bronzedrähte. ETZ 1926 S. 1017, 1047.
15. Feldmann, C.: Die Berechnung elektrischer Leitungsnetze in Theorie und Praxis. Berlin: Julius Springer 1927. — Vgl. auch F. Weickert: Berechnung elektrischer Leitungsquerschnitte. Leipzig: M. Jaenecke 1926.
16. Vgl. hierzu: Rev. gén. Électr. 1920 S. 403; 1921 S. 5, 451. — Gen. electr. Rev. 1923 S. 380. — Bull. Soc. franc. Électr. Bd. 5 (1925) Heft 48. — Elektrotechn. u. Maschinenb. 1926 S. 812.

17. Dright, H.: Durchhangsberechnungen für Freileitungen. J. Amer. Inst. electr. Engr. 1926 Heft 6.
18. Loew, R.: Über Durchhangsmessungen bei Hochspannungsfreileitungen mit Hilfe des Universal-Nivellierinstrumentes. Elektrotechn. u. Maschinenb. 1927 S. 103.
19. Schwenkhagen, H.: Bisherige Ergebnisse der Eislastforschung der Studiengesellschaft für Höchstspannungsanlagen. Elektr.-Wirtsch. 1927 S. 10.
20. Merkblatt der Studiengesellschaft für Höchstspannungsanlagen EV über Eislast auf Freileitungen. Elektr.-Wirtsch. 1927 S. 91.
21. Stadler, R. v.: Einiges über Rauhreif im Vogelsberg und Beanspruchung der Leitungen. Elektr.-Wirtsch. 1927 S. 99.
22. Schmedding: Schneebelastung von Leitungsdrähten. Zentralblatt Bauverw. Bd. 37 S. 87.
23. Witteck, W.: Über die Eisbelastung der Freileitungen. ETZ 1918 S. 475. — Vereisungen ungewöhnlicher Stärke an Freileitungen. Electr. Wld. Bd. 79 (1922) S. 335.
24. Siehe Anmerkung 20.
25. Krautt, H.: Die elektrische und mechanische Sicherheit von Hochspannungsfreileitungen und besondere Maßnahmen zu deren Erhöhung. Elektrotechn. u. Maschinenb. 1925 S. 729.
26. Oliver, G.: Über Leitungsstörungen durch Vereisung. J. Amer. Inst. electr. Engr. 1925 Heft 11 (allerdings bei Holzmasten).
27. Iltgen, E.: Neuerungen im Hochspannungsfreileitungsbau. AEG-Mitt. 1927 S. 210.
28. Sener, H.: Über den Schutz von Fahrleitungen gegen Vereisung. Electr. Railv. J. Bd. 59 (1922) S. 963.
29. Wood, J.: J. Amer. Inst. electr. Engr. Bd. 43 (1924) S. 1021.
30. Aluminium-Freileitungen. Ein Hilfsbuch für die Planung und den Bau von Starkstromleitungen. 3. Auflage. Berlin: Aluminium-Zentrale G. m. b. H. 1936.
31. Müller, T.: Erfahrungen über Verwendung von Aluminium in elektrischen Anlagen. Aluminium 1935 S. 310.
32. Schmitt, H.: Die Verwendung von Aluminium in Schaltanlagen. Hauszeitschrift der VAW u. d. Erftwerk A. G. 1930 Heft 1.
33. Harbich, J.: Glimmverluste paralleler Leiter. Dissert. Darmstadt 1911. — H. Goerges, P. Weidig u. A. Jaensch: Über Versuche zur Bestimmung der Koronaverluste in Freileitungen. ETZ 1911 S. 1071. — C. Harding: Koronaverluste zwischen Drähten bei Hochspannung. Proc. Amer. Inst. electr. Engr. 1912 S. 1271. — P. Weidig u. A. Jaensch: Koronaerscheinungen an Leitungen. ETZ 1913 S. 637. — B. Jakobsen: Koronaverluste bei hoher geographischer Ortslage. Proc. Amer. Inst. electr. Engr. 1917 S. 949. — F. Hoppe: Die Energieverluste in Hochspannungsfreileitungen. ETZ 1918 S. 153. — C. Harding: Glimmverluste an Hochspannungsleitungen. J. Amer. Inst. electr. Engr. 1924 S. 932.
34. Hoppe, F.: Die Verluste bei Hochspannungsfreileitungen vom prak-

tischen Standpunkt aus betrachtet. Elektrotechn. u. Maschinenb. 1917 S. 297, 312.

35. PEEK, F.: Das Gesetz der Koronabildung und die dielektrischen Eigenschaften der Luft. Trans. Amer. Inst. Electr. Engr. 1911 S. 1889; 1912 S. 1085; 1913 S. 1337.

36. FUCHS, A.: Zur Entwicklungsgeschichte der Hohlseite. ZVDI 1927 S. 1014.

37. DAHL, M.: Einlagenhohlleiter ohne Innenkonstruktion für höchste Spannungen. Bull. schweiz. elektrotechn. Ver. 1927 S. 409.

38. CAPART, G.: Die atmosphärischen Erscheinungen und die Störungen, welche durch diese in elektrischen Verteilungsnetzen hervorgerufen werden. Elektrotechn. u. Maschinenb. 1913 S. 782. — A. MATTHIAS: Gewitterstörungen und Blitzschutz. ETZ 1925 S. 873.

39. TOEPLER, M. u. E. SOMMER: Untersuchung eines gleichzeitig in Telephon-, Licht- und Hochspannungsanlagen erfolgten Blitzschlages. Mitt. Ver. Elektrizitätswerke 1925 S. 539.

40. PREUSS, W.: Gewitterschäden. — Ein Handbuch und Ratgeber für Gerichte, Bauämter, Versicherungsnehmer und -geber und für ihre Baumeister und Vertreter in Stadt und Land. Altdamm: Selbstverlag 1927.

41. WALTER, B.: Die Verwendung des Aluminiums für Blitzableiter-Ableitungen. Z. techn. Physik 1936 S. 17.

42. ZIPP, H.: Handbuch der elektrischen Hochspannungstechnik. Leipzig: O. Leiner 1917.

43. BIERMANNS, J.: Überströme in Hochspannungsanlagen. Berlin: Julius Springer 1926.

44. ROTH, A.: Hochspannungstechnik. Berlin: Julius Springer 1927.

45. Die Betriebskapazität einer Freileitung kann rechnerisch und durch Versuche ermittelt werden. Bezeichnet A den Abstand (cm) der Drähte voneinander, ϱ den Halbmesser (cm) des Leitungsdrahtes und l die einfache Länge (cm) der Leitung, so beträgt die auf die Leitung verteilte Kapazität C, wenn die drei Drähte einer Drehstromleitung an den Ecken eines gleichzeitigen Dreieckes liegen $C = \frac{l}{4{,}6 \cdot \log \frac{A}{\varrho}} \cdot \frac{1}{9 \cdot 10^5} \mu F$. Sind die Leiter aber in einer horizontalen Ebene angeordnet, so besitzen die beiden äußeren Leiter die gleiche Kapazität, der mittlere Leiter dagegen den kleineren Betrag $C = \frac{l}{4{,}6 \cdot \log \left[\frac{A \cdot \sqrt{2}}{\varrho}\right]} \cdot \frac{1}{9 \cdot 10^5} \mu F$. Je ausgedehnter daher das ganze Leitungsnetz, desto größer auch der Betrag der verteilten Kapazität.

46. LEE, E. u. C. FOUST: Die Messung der durch Blitzschlag hervorgerufenen Überspannungen auf Freileitungen. Gen. electr. Rev. 1927 S. 135. — MÜLLER-HILLEBRANDT: Überspannungsregistrierung mit dem Klydonographen. Siemens-Z. 1927 S. 547.

47. Rogowski, W. u. E. Flegler: Mitteilung über einen Wanderwellen-Oszillographen. Bd. 14 (1925) S. 425. — Ein Kathodenoszillograph für Aufnahmen im Vakuum. Bd. 15 (1925) S. 297. — W. Rogowski u. W. Grösser: Über einen lichtstarken Glühkathodenoszillographen für Außenaufnahme rasch verlaufender Vorgänge. Bd. 15 (1925) S. 377. — W. Rogowski, E. Flegler u. R. Tamm: Über Wanderwelle und Durchschlag. Neue Aufnahmen mit dem Kathodenoszillographen. Bd. 18 (1927) S. 479. — Eine neue Bauart des Kathodenoszillographen. Bd. 18 (1927) S. 513. Alle Arbeiten im Arch. Elektrotechn.

48. Norinder, H.: Gewitterforschung und Überspannungsschutz. Electr. Wld. Bd. 83 (1924) S. 223. — F. Peek: Atmosphärische Entladungen und andere Störungen auf Freileitungen. J. Amer. Inst. electr. Engr. 1924 S. 697. — F. Finckh: Spannungsstöße auf Freileitungen bei Blitzentladungen, ihre Hochtransformierung in den Transformatoren der Überlandnetze und ihre Bekämpfung. Elektr.-Wirtsch. 1926 S. 314. — R. Rüdenberg: Sternpunktserdung bei Hochspannungsleitungen, einige grundsätzliche Betrachtungen. ETZ 1926 S. 322. — A. Matthias: Bisherige Ergebnisse der Gewitterforschung der Studiengesellschaft für Höchstspannungsanlagen. Elektr.-Wirtsch. 1927 S. 2. — A. Matthias: Gewittereinflüsse auf Leitungsanlagen. ETZ 1927 S. 1477.

49. Hellmann, G.: Über die Bewegung der Luft in den untersten Schichten der Atmosphäre. Sitzungsber. Akad. d. Wiss. Berlin 1914 S. 415; 1917 S. 174; 1919 S. 404.

50. Assmann, R.: Die Winde in Deutschland. Braunschweig: F. Vieweg & Sohn 1910.

50a. Liebe, G.: Über die Verwendung von Windturbinen zur Erzeugung elektrischer Energie. ETZ 1913 S. 396. — A. Werren: Die Verbindung elektrischer Anlagen mit Windmotoren. ZVDI 1923 S. 1097. — H. Nottelmann: Ein Fortschritt in der Ausnutzung der Windkraft zur Erzeugung elektrischer Energie. ETZ 1925 S. 365. — K. Lubowsky: Klein-Windkraftanlagen für Überseeländer. ETZ 1925 S. 949. — Foerster: Elektrische Windkraftzentralen. Elektrotechn. Anz. 1926 S. 299. — K. Bilau: Was kostet der aus Wind erzeugte Strom? ETZ 1928 S. 819.

51. Riefstahl, L.: Windelektrische Anlagen und die Gesichtspunkte für ihren Entwurf. AEG-Mitt. 1925 S. 334. — Über den heutigen Stand der Elektrizitätserzeugung durch Windkraft. ETZ 1926 S. 1369.

52. Bilau, K.: Die Windkraft in Theorie und Praxis. Berlin: P. Parey 1927.

53. Kleinstück, A.: Überschlagspannung und Höhe über dem Meere. ETZ 1914 S. 975. — Vgl. hierzu F. Peek: Der Einfluß der Höhenlage auf die Überschlagspannungen von Durchführungen und Isolatoren. Proc. Amer. Inst. Electr. Engr. 1914 S. 1877.

54. Küchler, R.: Zur Theorie der Erwärmungs- und Abkühlungskurve elektrischer Maschinen und Apparate. ETZ 1928 S. 1141. — C. Blanchard u. C. Anderson: Experimentelle Erforschung des Temperaturanstieges in seiner Abhängigkeit von den atmosphärischen Verhält-

nissen. Proc. Amer. Inst. Electr. Engr. 1913 S. 465. — V. MONTSINGER u. COONEY: Wärmeabfuhr durch Leitung und Strahlung unter dem Einflusse der Oberflächenbeschaffenheit und der Höhenlage über dem Meeresspiegel. J. Amer. Inst. electr. Engr. 1916 S. 803.

55. LUBOWSKY, K.: Der Einfluß der Höhenlage des Betriebsortes über dem Meeresspiegel auf verschiedene Gebiete der Projektierung. AEG-Mitt. 1924 S. 191, 206. — C. FECHHEIMER: Die Berechnung elektrischer Maschinen unter Berücksichtigung der Höhenlage ihres Verwendungsortes über dem Meeresspiegel. J. Amer. Inst. electr. Engr. 1926 S. 124.

56. KLOSS, M.: Die Umgebungstemperatur und ihre Bedeutung für die Bewertung elektrischer Maschinen und Transformatoren. ETZ 1927 S. 1097.

57. AUSTIN, L.: Die Änderung der Stärke radiotelegraphischer Zeichen mit der Jahreszeit. Z. Hochfrequenztechn. Bd. 12 (1917) S. 68. — W. PICCARD: Über Änderungen in der Empfangsstärke von kurzer Dauer. Proc. Inst. Radio Engr. Bd. 12 (1924) S. 119.

58. WOLF, J.: Atmosphärische Störungen nach Beobachtungen am drahtlosen Empfänger auf dem Königstuhl bei Heidelberg. Z. Hochfrequenztechn. Bd. 19 (1922) S. 289.

59. AUSTIN, L.: Über Empfangsmessungen im Bureau of Standards und atmosphärische Störungen. Z. Hochfrequenztechn. Bd. 23 (1924) S. 90.

60. WUNDER, W.: Vorkommen, Gewinnung, Eigenschaften des Aluminiums in der Elektrotechnik. ETZ 1924 S. 1109.

61. Aldrey, ein neuer Freileitungsbaustoff. Siemens-Z. 1928 S. 236.

62. WINNIG, K.: Die Grundlagen der Bautechnik für oberirdische Telegraphenlinien. Braunschweig: F. Vieweg & Sohn 1910.

63. SCHHULZE, A.: Helios, 1925 S. 497.

64. KOLBE, W.: Die Anordnungen der Überwachungsstelle für unedle Metalle. Berlin: Wirtschaftsstelle marktregelnder Verbände der Metallverarbeitung 1936.

65. EDLER, R.: Die technische und wirtschaftliche Bedeutung der Bronze für Hochspannungsfreileitungen. Elektrotechn. u. Maschinenb. 1923 S. 305. — W. WUNDER: Die Nichteisenmetalle in der Elektrotechnik. ZVDI 1927 S. 1548.

66. Vgl. DIN VDE 8300, Drähte für Fernmelde-Freileitungen.

67. ROTH, E.: Aluminiumlegierungen als Konstruktionsstoffe. ZVDI 1927 S. 1625. — A. FUCHS: Verwendung von Aluminium und seiner Legierungen in der Elektrotechnik. Elektr.-Wirtsch. 1928 S. 91. — Werkstoff-Handbuch Nichteisenmetalle. Berlin: Beuth-Verlag 1928.

68. BOHNER, H.: Zugfestigkeits- und Leitfähigkeitsänderung hartgezogener Drähte aus Kupfer, Bronze, Aluminium, Aludur und Aldrey unter dem Einfluß kurzzeitiger Erwärmungen. Z. Metallkde. 1928 S. 132.

69. SCHMITT, H.: Über den Einfluß von Kurzschlußströmen auf die Festigkeit und Leitfähigkeit hartgezogener Drähte. ETZ 1928 S. 684.

70. KERSHAW, J.: Über die Anwendung des Aluminiums für Leitungszwecke, mit neuen Beobachtungen über die Beständigkeit des Alu-

miniums und anderer Metalle unter dem Einflusse atmosphärischer Luft. Electrician Bd. 46 (1901) S. 464.

71. WILSON, E.: Die elektrische Leitfähigkeit einiger Aluminium-Leichtlegierungen unter dem Einflusse der atmosphärischen Luft in London. Electrician Bd. 61 (1908) S. 837. — J. Inst. electr. Engr. Bd. 21 (1902) S. 321; Bd. 13 (1925) S. 1108.

72. HÄHNEL, O.: Über die Haltbarkeit von Freileitungsdrähten aus Aluminium. Elektr.-Wirtsch. 1927 S. 101.

73. RETZOW, U.: Über eine Zerstörung von Stromwandlerzuführungsschienen aus Zink. Werkst.-Techn. 1924 S. 257.

74. BECK, W.: Welche Eigenschaften machen Porzellan für die Elektrotechnik wertvoll? Elektrotechn. u. Maschinenb. 1911 S. 178.

75. MEYER, E.: Zerstörungserscheinungen an Hochspannungsisolatoren. ETZ 1919 S. 173, 188, 198, 278. — E. CREIGHTON: Porzellan für elektrische Zwecke. Proc. Amer. Inst. Electr. Engr. 1915 S. 753.

76. Neue Glasisolatoren für Bahnzwecke und Leitungsbau. Bull. schweiz. elektrotechn. Ver. 1920 S. 66.

77. BUCKSATH, W.: Die Baustoffe der Freileitungsisolatoren und ihre Anwendung in den verschiedenen Konstruktionen. Stemag-Nachr. 1924 S. 4.

78. CORDES, W.: Die Lebensdauer von Porzellanisolatoren. Keram. Rdsch. 1924 S. 234.

79. Teleokitt für Porzellanisolatoren. ETZ 1919 S. 501. — W. WEICKER: Teleokitt als Mittel zur Vereinigung mehrteiliger Hochspannungsisolatoren. Elektr. Kraftbetr. Bahn. 1920 S. 277.

80. BRUNDIGE, J.: Ausdehnungsvorgänge als Ursache für die Zerstörung von Hängeisolatoren. Proc. Amer. Inst. Elektr. Engr. 1917 S. 391. — Die Zerstörung von Porzellanisolatoren im Gebrauch. Proc. Amer. Inst. Electr. Engr. 1914 S. 215. — G. SCHENDELL: Isolatoren und Betriebssicherheit von Freileitungsnetzen. Mitt. Ver. Elektr. Werke 1918 S. 362. — M. DONATH: Zerstörungserscheinungen an Hochspannungsisolatoren. ETZ 1919 S. 573. — E. CREIGHTON u. F. HUNT: Eine Lösung des Porzellanisolator-Problems. J. Amer. Inst. electr. Engr. 1921 S. 480. — E. ROSENTHAL, Die Lösung des Kittproblems im Isolatorenbau. AEG-Mitt. 1924 S.100. – H. LUFTSCHITZ: Isolatorenkittung. Keram. Rdsch. 1924 S. 226.

81. SCHILLING, P.: Betriebserfahrungen mit verschiedenen Isolatorentypen bei Gewitterstörungen. Elektr.-Wirtsch. 1927 S. 21.

82. SYLVAN, E.: Einiges über Salz als Isolatorenzerstörer. Tekn. Tidskr. 1923 S. 215, 227. — G. ANFOSSI: Das Verhalten von Isolatoren in der Nähe des Meeres. Atti Assoc. Elettr. Ital. Bd. 11 (1907) S. 326. — S. LARSEN: Hochspannungsisolatoren in Küstengebieten. Elektr. Tidskr. Bd. 41 (1928) Heft 1.

83. Versuche an berußten und verschmutzten Isolatoren. Bull. schweiz. elektrotechn. Ver. 1910 S. 160. — Die Überschlagspannung von verschmutzten Freileitungsisolatoren. VDI-Nachr. 1928 Nr. 19. —

H. Bechdoldt: Untersuchung von Isolatoren bei starker Verschmutzung. ETZ 1928 S. 331.

84. Weicker, W.: Keramische Isolierstoffe, in H. Schering: Die Isolierstoffe der Elektrotechnik. Berlin: Julius Springer 1924.

85. Parodi: Einfluß der Luftfeuchtigkeit von Verbrennungsgasen auf die Isolatoren der Bahnoberleitungen. Elektrizität Bd. 24 S. 578. Referat ETZ 1916 S. 68.

86. Es sei auf folgende Veröffentlichungen verwiesen: W. Weicker: ETZ 1904 S. 947. — 1909 S. 597, 632. — 1910 S. 853, 880. — 1911 S. 436, 460, 1262, 1298. — 1913 S. 1485. — Elektro-J. 1921 April u. Oktober. — Helios, Lpz. 1921 S. 181. — Mitt. Ver. Elektr. Werke 1923 S. 23. — Elektrotechn. u. Maschinenb. 1923 S. 429. — ETZ 1923 S. 59; 1924 S. 432. — ETZ Sonderheft Frühjahr 1924 S. 22. — Elektrotechn. u. Maschinenb. 1925 S. 985. — Mitt. Ver. Elektr. Werke 1925 S. 560. — Elektr.-Wirtsch. 1926 S. 221. — ETZ 1926 S. 177.

87. Schumann, W.: Elektrische Durchbruchsfeldstärke von Gasen. Berlin: Julius Springer 1923. — W. Weicker: siehe Anmerkung 86. — A. Schwaiger: Lehrbuch der elektrischen Festigkeit der Isoliermaterialien. Berlin: Julius Springer 1925. — A. Roth: Siehe Anmerkung 44.

88. Weicker, W.: ETZ 1927 S. 1631.

89. Curtis, H.: Isolierende Eigenschaften fester Dielektrika. Bull. Bur. Stand. Bd. 11 (1915) S. 359.

90. Vgl. ETZ 1927 Heft 44.

91. Retzow, U.: Über einige mechanische und thermische Eigenschaften elektrischer Isolierstoffe. Z. techn. Physik 1933, S. 424, 551.

92. Seemäßige Verpackung. Berlin: Beuth-Verlag, AWF 214, 1928.

93. Vorschriftenbuch des Verbandes Deutscher Elektrotechniker. Regeln für Spannungsmessungen mit der Kugelfunkenstrecke in Luft.

94. Toepler, M.: Über Funkenlänge und Anfangsspannung in Luft bei Atmosphärendruck. Annal. d. Phys. Bd. 10 (1903) S. 730. — Funkenspannungen zwischen Kugelelektroden. Annal. d. Phys. Bd. 29 (1909) S. 153. — W. Weicker: Zur Kenntnis der Funkenspannung bei technischem Wechselstrom. ZVDI 1911 S. 554; ETZ 1911 S. 436, 460. — F. Peek: Die Kugelfunkenstrecke als Mittel zur Hochspannungsmessung. Proc. Amer. Inst. Electr. Engr. 1914 S. 889. — W. Estorff: Beiträge zur Kenntnis der Kugelfunkenstrecke. Dissert. Berlin 1915. — Die Kugelfunkenstrecke. ETZ 1916 S. 60, 76. — R. Edler: Die Kugelfunkenstrecke. Elektrotechn. u. Maschinenb. 1926 S. 809, 829. — Weitere Literaturnachweise hierüber finden sich in der Zusammenstellung auf S. 127 des Buches U. Retzow: Die Eigenschaften elektrotechnischer Isoliermaterialien in graphischen Darstellungen. Berlin: Julius Springer 1927.

95. Hoffmann, F. u. A. Schulze: Über die Brauchbarkeit von Thermoelementen aus unedlen Leitern bei hohen Temperaturen. ETZ 1920 S. 427.

96. KEINATH, G.: Elektrische Temperatur-Meßgeräte. München: R. Oldenburg 1923.
97. ROSA, E. u. H. BABCOCK: Die Änderung von Manganinwiderständen durch atmosphärische Feuchtigkeit. Electrician Bd. 59 (1907) S. 339; Bd. 60 S. 162; Electr. Wld. Bd. 49 (1907) S. 1302. — F. SMITH: Phil. Mag. Bd. 16 (1908) S. 450.
98. JAEGER, W. u. ST. LINDECK: Die Änderung der Vergleichswiderstände aus Manganin mit der Luftfeuchtigkeit. Electrician Bd. 59 (1907) S. 626; Electr. Rev. Bd. 51 (1907) S. 301. — St. LINDECK: Über den Einfluß der Luftfeuchtigkeit auf elektrische Widerstände. Z. Instrumentenkde. 1908 S. 229.

Sachverzeichnis.